原材料工业产品碳足迹
基础数据库研究

闫浩春 / 主　编
韩晓莉　刘　翼　刘　韬 / 副主编

中国环境出版集团 · 北京

图书在版编目（CIP）数据

原材料工业产品碳足迹基础数据库研究 / 闫浩春主编. -- 北京 : 中国环境出版集团, 2025.1. -- ISBN 978-7-5111-5876-5

Ⅰ. X5111

中国国家版本馆 CIP 数据核字第 2024JH8277 号

责任编辑 宾银平
封面设计 宋 瑞

出版发行 中国环境出版集团
（100062 北京市东城区广渠门内大街 16 号）
网 址：http://www.cesp.com.cn
电子邮箱：bjgl@cesp.com.cn
联系电话：010-67112765（编辑管理部）
010-67113412（第二分社）
发行热线：010-67125803，010-67113405（传真）

印 刷 北京鑫益晖印刷有限公司
经 销 各地新华书店
版 次 2025 年 1 月第 1 版
印 次 2025 年 1 月第 1 次印刷
开 本 787×960 1/16
印 张 10.5
字 数 112 千字
定 价 88.00 元

编委会

前 言

近年来，全球气候变化显著，已成为全社会关注的热点议题，温室气体排放，特别是碳排放已成为被广泛注意的焦点问题。党的十八大后，我国发展理念发生根本性变化，环境保护不再被视为经济发展的负担，而是被视为高质量发展的驱动力。我国提出力争于 2030 年前实现碳达峰和努力争取 2060 年前实现碳中和目标，是中央经过深思熟虑作出的重大战略决策，体现了我国应对全球气候变化的大国担当、对未来世界发展方向的远见，以及对中国绿色转型的战略自信。

2006 年以来，我国取代美国成为世界第一的碳排放大国，如今碳排放量约占全球碳排放量的 30%。从能源角度看，我国 90% 的碳排放来自煤炭。从行业排放结构看，电力行业、制造业、采掘业及交通行业碳排放总量占全国碳排放量的 91%。碳排放将成为原材料工业污染总量控制的重要抓手，必将对行业发展产生深远影响。因此，原材料工业应积极主动应对碳减排，走绿色低碳发展之路。

建材、钢铁、有色金属、石化等原材料工业碳排放总量约占全国碳排放总量的 40%，由于其总产量高、碳排放量大，在我国“碳达峰、碳中和”路径中处于关键地位。实现碳达峰、碳中和，这几个行业将是减排工作的重点关键。此外，这几个行业也面临淘汰落后产能、产业升级改造的需求，绿色低碳技术研发和应用将是未来的主旋律。重点原材料行业的转型升级需要依托总量控制、节能减排、技术改造、布局优化等措施。

产品碳足迹是指在整个生命周期，包括原材料开采、制造、运输、分销、使用到最终废弃阶段所产生的温室气体排放量。由于不同国家和地区资源分布不平衡、科技发展水平不同以及能源消耗不对称，产品在整个生命周期中对环境的影响存在很大的差异。目前，国外碳足迹基础数据库大多基于特定地区或国家的平均数据，并不完全适合我国国情。如果一味使用这些平均数据，会无法准确反映我国碳足迹在不同时间点或不同条件下的真实情况，对数据精度造成较大影响。因此，亟须依据我国国情和地域特点，设计一个结构合理、效率较高、使用方便且易扩展的原材料工业产品碳足迹基础数据库，打破国外对生命周期数据、方法、工具的垄断，增强我国在碳核算方面的国际话语权，提高我国产品国际竞争力，助力“双碳”目标实现。

经过广泛查阅资料与深入调研，深入研究生命周期评价原理，遵循国际碳足迹标准规范，基于我国碳足迹数据库建设规范要求，我们设计了与国际接轨的数据库结构与数据文件格式，建立了原材料工业产品碳足迹基础数据库与在线生命周期评价工具。通过实测与文献调研等方式收集碳足迹基础数据，经过预处理后录入数据库，同时通过行业领域权威单位自主采集、统计数据收集、文献数据挖掘，以及绿色低碳技术和产品评价及其验证系统持续运行，不断积累碳足迹基础数据，逐步建成了自主可控、高质量、权威的原材料工业产品碳足迹基础数据库。

本书对原材料工业产品碳足迹基础数据库进行研究，旨在为实现“双碳”目标提供支持，同时应对国际贸易壁垒。本书首先分析了我国碳达峰、碳中和面临的国际与国内形势，然后介绍了国内外碳足迹标准现状，包括国内外碳足迹标准现状与应用，以及我国产品碳足迹核算通用技术规则的制定思路。在此基础上，本书介绍了生命周期评价理论与应用，包括概述、评价方法、计算过程等。通过这些研究，本书搭建了原材料工业产品碳足迹基础数据库，有助于推动我国碳减排事业的发展。

然而，我们也认识到，本书对于碳足迹基础数据库的研究仍然存在一些不足。我们诚挚地邀请读者对我们的工作提出批评指正，以便我们能够持续对原材料工业产品碳足迹基础数据库进行改进和完善。我们相信，通过共同努力，将能够推动我国原材料工业产品碳足迹工作的进一步发展，为促进绿色低碳发展作出更大的贡献。

目 录

第1章

研究背景

1.1　我国碳达峰、碳中和面临的形势分析

气候变化是人类面临的全球性问题，随着各国二氧化碳的大量排放，温室气体猛增，对生命系统形成威胁。在这一背景下，世界各国以全球协约的方式减排温室气体，我国由此提出碳达峰、碳中和（简称“双碳”）目标。

2018 年 5 月 18 日，习近平总书记在全国生态环境保护大会上强调，要通过加快构建生态文明体系，确保到 2035 年，生态环境质量实现根本好转，美丽中国目标基本实现；到本世纪中叶，物质文明、政治文明、精神文明、社会文明、生态文明全面提升，绿色发展方式和生活方式全面形成，人与自然和谐共生，生态环境领域国家治理体系和治理能力现代化全面实现，建成美丽中国。

2020 年 9 月 22 日，习近平主席在第七十五届联合国大会一般性辩论上郑重宣布，“中国将提高国家自主贡献力度，采取更加有力的政策和措施，二氧化碳排放力争于 2030 年前达到峰值，努力争取 2060 年前实现碳中和”。

碳达峰即我国承诺力争在 2030 年前，二氧化碳排放量达到峰值后逐步减少；碳中和是指争取到 2060 年前，针对排放的二氧化碳，要采取植树、节能减排等各种方式全部抵消。

力争于 2030 年前实现碳达峰、努力争取 2060 年前实现碳中和，是党中央作出的重大战略决策。实现“双碳”目标须推进源头防治。碳排放问题的根源是化石能源大量开发和使用，治本之

策是转变能源发展方式，加快推进清洁替代和电能替代，彻底摆脱化石能源依赖。

随着“双碳”目标的提出，我国陆续发布了企业温室气体排放报告、核查指南和碳排放权登记、交易、结算管理规则，这意味着国家将对企业温室气体排放核算和披露作出要求。

在《中华人民共和国国民经济和社会发展第十四个五年规划和2035年远景目标纲要》中，也对单位GDP二氧化碳排放降低目标作了约束性要求，并分解到地方加以落实。这一减碳的硬性目标逐级分解，最终会落实到每个企业。另外，国务院办公厅印发的《关于建立统一的绿色产品标准、认证、标识体系的意见》强调了生命周期评价法（LCA）①的重要性，该意见明确指出，基于产品全生周期理念，建立统一的绿色产品标准、认证、标识体系。

2023年11月13日，国家发展改革委联合工业和信息化部、市场监管总局、住房城乡建设部、交通运输部发布《关于加快建立产品碳足迹管理体系的意见》（发改环资〔2023〕1529号）。该意见中提到：①建立产品碳足迹②核算体系：推动建立全面覆盖产品生命周期的碳足迹核算体系，包括产品原材料获取、生产制造、运输销售、使用消耗、废弃处置等环节的碳排放。②完善产品碳足迹标准：制定完善产品碳足迹核算方法、核算标准和核算

---

① 生命周期评价法是一项自20世纪60年代开始应用的重要环境管理工具，是为了分析产品和服务而产生的，采用自上而下的计算方法，通过获取产品或服务在生命周期内（从原材料开采、生产加工、储运、使用、废弃物处理等过程）所有的输入及输出数据得出总碳排放量。

② 产品碳足迹（product carbon footprint，PCF），是指沿着产品的整个生命周期，包括从原材料的开采、制造、运输、分销、使用到最终废弃阶段所产生的温室气体排放量。

软件，推动建立统一的国家产品碳足迹数据库。③加强产品碳足迹认证：鼓励企业开展产品碳足迹认证，对符合标准要求的产品给予认证标识，并纳入国家绿色低碳消费认证体系。④完善政策支持：加大对产品碳足迹认证企业的支持力度，推动金融机构对符合要求的产品给予绿色信贷支持。

1.2　我国面临迫在眉睫的国际贸易壁垒

欧盟委员会于 2021 年 7 月正式公布了包含众多法律草案的“一揽子”气候措施提案，计划在 10 年内大幅减少碳排放，包括备受瞩目的碳边境调节机制（carbon border adjustment mechanism，CBAM），即俗称的“碳关税”，该政策从 2023 年第四季度开始正式启动过渡期，首批纳入征收范围的产品种类最终确定为水泥、钢铁、电力、铝、化肥和氢气六大行业。

欧盟设立碳关税的理由之一是防止“碳泄漏”：随着国际生产分工加速发展，许多高排放产业会从欧洲国家迁移到新兴和发展中国家，由此导致了碳排放从欧洲转移到欧洲之外的其他国家。欧盟希望通过引入碳关税，营造公平的竞争环境，探索出一条统一全球碳价的路径。

需要特别指出的是，CBAM 是欧盟针对进口商品征收碳税，因此极容易被误解为产品的碳足迹，但实际上这两者的政策想法、覆盖的行业产品以及核算标准完全不同。碳足迹的历史比起 CBAM 要悠久得多，具有更加复杂的核算制度和方法。

CBAM 规定了国别豁免，被豁免的国家目前包括冰岛、列支敦士登、挪威和瑞士以及 5 个欧盟成员国的海外领地。欧盟之外各国对 CBAM 的态度并不统一，英国与加拿大表示支持，但俄罗斯、澳大利亚、印度等国家对其表示反对。美国的态度较为模糊，一方面美国想要利用欧洲在绿色化转型中的先发优势打压中国、俄罗斯等国家；另一方面由于美国自身碳排放强度高，也不愿意 CBAM 导致自身高碳产品对欧洲的出口遭到严重的负面冲击。

我国一直对碳关税持反对态度。早在 2009 年 7 月，我国商务部新闻发言人就对碳关税表示了反对的态度，认为碳关税对国际贸易秩序不利，对世界各国应对全球金融危机挑战起负面作用，阻碍全球经济贸易复苏。至今，我国依然对碳关税的施行表示反对。总体来说，发达国家多已实现了能源消费的清洁化、低碳化，对碳关税持积极的态度，而发展中国家以及部分高碳排放发达国家则把碳关税更多地视为贸易保护行为。

我国与欧盟一直保持着良好的贸易关系，2020 年我国制造业对欧盟出口额达 4 528.17 亿美元，占制造业出口总额的 18.28%，这一数额已远超美国和日本。虽然作为欧盟最大的贸易进口国，我国的制造业对欧盟常年保持顺差，但在出口贸易的可持续性上，我国还需进一步提升。目前，我国能源消费结构以煤炭为主，对于进口石油依赖性较强。2015—2019 年我国制造业能源消耗情况如表 1.1 所示。

表 1.1　中国制造业能源消耗情况

年份	能源消耗总量（标煤）/万 t	煤炭/万 t	焦炭/万 t	原油/万 t	电力/亿 kW·h
2015	244 919	179 475	43 646	53 027	31 178
2016	242 514	168 582	45 044	55 215	32 224
2017	245 139	161 112	43 365	58 153	33 594
2018	258 604	161 049	43 346	62 351	36 936
2019	268 426	159 894	46 067	66 622	28 109

资料来源：2020 年国家统计年鉴。

我国目前的能源消费结构是导致制造业隐含碳排放量较大的原因之一，还导致了我国出口与进口产品结构差异巨大（进口产品以低能耗、低排放的产品为主，出口产品则以高能耗、高排放的商品居多）。因此，我国是以国内能源资源消耗和环境污染排放为代价来维系不断增长的贸易顺差的。尽管如此，我国的制造业产品凭借劳动力优势、人民币低汇率等竞争优势依然有着很高的市场竞争力，这在很大程度上会限制欧盟制造业的发展，也是促使欧盟实施 CBAM 的深层次原因。欧盟开始征收碳关税之后，我国制造业产品的出口量会减少，制造业出口利润会明显下降，最终阻碍我国制造业的发展。

根据欧盟自身的预测，CBAM 到 2030 年将会带来每年 91 亿欧元的收入。这些费用大多来自对发展中国家出口商品的征税。在全面实施 CBAM 机制后，我国的钢铁、铝、有机化学品及塑料等产品将受到冲击，大大提高相关企业的出口成本。CBAM 的计算由产品碳含量、欧盟碳价格、出口国的碳价格 3 部分组成，但由于我国与欧洲碳价不对等，即便我国出口欧洲的商品已在国内支付碳成本，但还需购买 CBAM 证书。因此，CBAM 的落地会推动我国碳价的上涨，逐渐缩小与欧洲碳价的差距，同时也将激励我国碳市场机制体系的完善，促进我国碳交易市场发展，加快与全球碳市场接轨进程。

CBAM 的本质是向全世界输出规则，单方面来改变全球市场。而且欧洲身处一个逐渐衰退的背景之下，因此，借助其成熟且庞大的市场（人口数量达到 4.5 亿）通过对跨国公司施加影响从而参与全球规则的制定是一种极其有效的方法。

从长远来看，虽然我国有更加庞大的市场，但是要想成为世界贸易规则的制定者还需要做非常多的专业工作，需要在国际规范、标准和公约上有更强的专业能力和更大的影响力。

1.3 产品碳足迹相关国内外政策法规

近年来，国内外不断推出产品碳足迹相关法律法规（表 1.2），尤其是近两年欧美相继推出“电池法案”，以减碳环保为目的，提高了我国企业产品落地欧美市场的门槛。因此，开展产品碳足迹研究，有助于提高企业国际竞争力和打破国际绿色贸易壁垒。

表 1.2　产品碳足迹相关国内外政策法规

序号	国家/地区/其他	政策	内容
1	欧盟	产品环境足迹（Product Environmental Footprint，PEF）	统一的绿色产品评价标准、审核与标识体系，包含碳足迹核算与碳标签认证体系
2	欧盟	CBAM	将水泥、钢铁、电力、铝、化肥和氢气作为首批纳入 CBAM 的行业，并设置了过渡期，在过渡期内，上述行业的进口商品只提交信息，无须缴纳相应费用，过渡期结束后，进口商需要为其进口产品的碳排放支付费用
3	欧盟	欧盟电池和废电池法规	内部存储及容量大于 2 kW·h 的电动汽车电池和工业电池新增碳足迹要求
4	第三方机构发布的国际标准	环境产品声明（EPD）	依据《环境标签和声明　第三类环境声明　原则和程序》（ISO 14025：2006），由供应商提供经由第三方检测、认证并公开的信息公告，为市场上的产品和服务提供科学的、可验证的和可比的量化环境信息
5	英国	英国碳标签	英国 Carbon Trust 公司于 2007 年 3 月试行推出全球第一批标示碳标签的产品，包括薯片、奶昔、洗发水等消费类产品。2008 年 2 月，Carbon Trust 公司加大了碳标签的应用推广，对象包括 Tesco（英国最大连锁百货）、可口可乐、Boots 等 20 家厂商的 75 种商品，之后扩充到 7 万余种商品
6	德国	德国碳标签	德国碳足迹标签是由波茨坦 Öko-Institut 应用生物研究所为气候影响研究组和柏林 think/do tank THEMAI 研究组发起的。 主要涉及的产品类别有食品与饮料、箱包类、护理与美容产品、家具用品和包装产品

序号	国家/地区/其他	政策	内容
7	法国	法国碳标签	法国 Casino 公司的碳足迹标签适用于所有 Casino 自售产品，以绿叶为基本形态，其中标注每 100 g 该产品所产生的 CO_2 排放量，并告知消费者查看包装背面以了解更多信息。 Casino 公司邀请其约 500 家供应商参与了该碳标签计划，并为其提供了免费的碳足迹计算工具
8	美国	无碳（Carbon Free）认证	美国碳基金（Carbon Fund）采用美国能源部、环境保护局和其他权威机构的数据实施的碳中和认证。 主要产品类别包括食品与饮料、电子产品、办公用品、家居用品和其他
9	中国	《2030 年前碳达峰行动方案》	探索建立重点产品全生命周期碳足迹标准。积极参与国际能效、低碳等标准制（修）订，加强与国际标准的协调
10		《国家标准化发展纲要》	加快完善地区、行业、企业、产品等碳排放核查核算标准。制定重点行业和产品温室气体排放标准，完善低碳产品标准标识制度
11		《农业农村污染治理攻坚战行动方案（2021—2025 年）》	建立畜禽规模养殖场碳排放核算报告、核查等标准，探索制定重点畜产品全生命周期碳足迹标准，引导畜禽养殖环节温室气体减排
12		《科技支撑碳达峰碳中和实施方案（2022—2030 年）》	研究直接排放、间接排放和全生命周期排放的标准与适用范围
13		《关于加快建立统一规范的碳排放统计核算体系实施方案》	提出建立健全重点产品碳排放核算方法的要求，推动适用性好、成熟度高的核算方法逐步形成国家标准

序号	国家/地区/其他	政策	内容
14	中国	《“十四五”认证认可检验检测发展规划》	健全森林认证等生态系统碳汇认证制度，规范开展碳足迹、碳标签等认证服务
16		《创建粤港澳大湾区碳足迹标识认证推动绿色低碳发展的工作方案（2023—2025）》	成立碳足迹标识认证工作领导小组，成立碳足迹创新技术委员会，建立健全管理机制等
17		《山东省产品碳足迹评价工作方案（2023—2025 年）》	研究制定碳足迹技术标准（通用技术标准、不同类型产品碳足迹标准、数据质量评价技术标准），构建产品碳足迹评价体系（结合产业实际，明确碳足迹评价范围、评价方法）等

第2章

国内外碳足迹标准与核算

2.1　国际碳足迹标准与应用现状

2.1.1　标准现状

由于许多国家或组织均开发并出台了针对不同系统层级的碳足迹核算标准，所以目前碳足迹标准种类较多。根据评估对象的系统层级，碳足迹标准大致可以分为三个层级：

1）国家、部门或者地域层级，国际比较通用的主要是《IPCC 国家温室气体清单指南》《ICLEI 城市温室气体清单指南》。

2）企业、组织层级，主要包括《温室气体核算体系：企业核算与报告标准》以及 ISO 14064 系列标准。

3）产品层级，这一层级主要的国际标准有三个：《产品与服务在生命周期内的温室气体排放评价规范》（PAS 2050：2011）、《产品生命周期核算与报告标准》以及《温室气体　产品碳足迹　量化要求和指南》（ISO 14067：2018）。

目前，国际上使用较多的碳足迹评价标准主要包括：①英国标准协会（BSI）发布的产品碳足迹计算准则 PAS 2050：2011；②国际标准化组织（ISO）推出的 ISO 14067：2018；③世界资源研究所（The World Resources Institute，WRI）与世界可持续发展工商理事会（World Business Council for Sustainable Development，WBCSD）共同发布的温室气体核算体系（Greenhouse Gas Protocol，GHG Protocol）；④日本的《产品碳足迹量化和标签基本准则》

（TS Q0010：2009）；⑤欧洲标准化委员会（CEN）建立的产品环境足迹（PEF）认证体系；⑥国际电信联盟（ITU）发布的《ICT产品、网络和服务的环境生命周期评估方法》（L.1410）等标准。

（1）英国碳足迹计算准则 PAS 2050

PAS 2050 由 BSI 制定，于 2008 年 10 月发布。PAS 2050 是世界上首个针对产品碳足迹的核算标准，为企业提供了一个评估产品生命周期内温室气体排放的通用方法。PAS 2050 不仅适用于企业之间（B2B）的产品和服务，也适用于企业到消费者（B2C）的各类产品和服务。它涵盖了工业产品和化石能源的排放处理方式，并特别指出了农业温室气体排放核算方式，包括土地利用方式变更。此规范经过几年的实践和改进后，于 2011 年 10 月进行修订，发起单位包括英国碳信托以及环境、食品和乡村事务部。PAS 2050：2011 是 PAS 2050：2008 的改进版，用于统一评价产品和服务在其整个生命周期内的温室气体排放。该标准明确定义了产品在生命周期内温室气体排放的分析单位、系统边界、数据要求以及计算方法，还提供了一个指导性文件，以协助用户更好地评估产品的碳足迹、确定排放高点，并在供应链中实施减排措施。

PAS 2050 的服务对象虽然偏重于商业认证（企业），但也可以服务于消费者和组织等其他情况。该标准具备良好的实用性，主要体现在概念的清晰和简洁以及指导的具体与细致，具体表现在三个方面：①概念层面，该标准概念上更加简单明确，例如，在数据类型的选择中，并非像其他标准那样按照直接测量和间接获取两种方式来对数据进行分类，而是直接针对计算需要采用的活动数据（activity data，AD）和排放因子（emission factor，EF）进行明确规定。活动数据多为初级数据，而排放因子多为次级数据，这样的规定让操作使用人员更容易理解并从事数据收集工作。②方法层面，该标准在方法上提供的指导相对具体细致，例如对于产品延迟排放（在使用过程或废弃物处置过程中的排放）的加权平均影响的计算，在 ISO 14067、PAS 2050、GHG Protocol 三大碳足迹核算标准中，只有 PAS 2050 给出了具体的核算方法和公式，尽管此点在最新的 PAS 2050：2011 中已经不再是强制性要求。③参数层面，该标准提供的参数都是有具体值和指标的，如截断规则（单个过程或物质排放超过总共排放的 1%，则应当包含并核算）、初级（直接观测）数据在数据收集中占的比例（如不小于 10%）等。综上所述，PAS 2050 对于标准的使用人员而言，是一个非常实用且容易执行的标准。

PAS 2050 以《环境管理　生命周期评价　原则与框架》（ISO 14040）和《环境管理　生命周期评价　要求与指南》（ISO 14044）为基础，提出了相关性、完整性、一致性、准确性及透明度五个原则，明确规定各种产品和服务的生命周期内温室气体排放的具体要求，适用于评价各类产品和服务的碳足迹。

（2）WRI 与 WBCSD 发布的 GHG Protocol

WRI 与 WBCSD 于 1998 年联合发起了温室气体核算体系倡议行动，旨在发展一套国际公认的温室气体核算和报告的标准和工具，并推动其应用从而实现全球范围内的低碳经济。GHG Protocol 明确了采用的生命周期核算方法为归因法，即通过将生命周期中所有相关归因过程联系起来，统计产品分析单元的温室气体排放与移除。早在 2010 年，GHG Protocol 标准草案就已经出台，并且有 60 家公司进行了试用和测试。在关于碳足迹核算的规定、要求和指导等方面，GHG Protocol 被认为是最为详细和清晰的。该标准的制定主要参考了 ISO 14044 和相关标准，提供了碳足迹核算的规定、要求和指导，用于评估产品的生命周期碳排放，旨在帮助企业或组织针对产品设计、制造、销售、购买及消费使用等环节制定相应的碳减排策略。GHG Protocol 的进步之处还在于对数据的搜集以及质量予以足够的关注和重视，并且提出了要制订数据管理计划以便实时更新，在对数据的质量要求上一共提出了 5 个指标（表 2.1）。2011 年发布的 GHG Protocol，借鉴了 PAS 2050：2008 的内容，并且同样增添了补充性的条款要求，同时还细化并强调了一些被 ISO 14044 和 PAS 2050 忽视的概念阐述，如关于产品“功能单位”以及“基准流”详细定义方式和概念等。PAS 2050 和 GHG Protocol 在系统边界设定步骤（是否考虑和核算某项排放、过程与贡献时）上同时要求：不仅要根据生命周期评价方法设定，也应当考虑“归因过程”（attributable process），即依据归因方式（追溯排放的起因和源头）而非仅采用结果方法（仅依据最终的排放结果）来设定系统边界。GHG Protocol 2011 是国际标准 ISO 14067 的重要参考来源之一。

GHG Protocol 主要服务于公司、企业的商业目标，该标准概念全面并且具备较大的灵活性，主要表现在以下两个方面：①概念层面，该标准概念全面且分类精细。例如，分析单位可以分为两类：

表 2.1　GHG Protocol 确立的数据质量指标

指标	解释
技术代表性	数据反映在排放过程中使用真实技术的程度
时间范围的代表性	反映给定过程的实际时间（例如年）或年限的程度
地区代表性	反映清单边界内过程的实际地区位置的程度（例如国家或地址）
完整性	数据在过程中具备的统计上的代表性
精确性	数据源、数据采集方法和用于获取数据的验证程序的可靠程度

“基准流”和“功能单位”，前者为中间产品的分析单位，而后者则作为最终产品的分析单位。该标准中的数据可分为 3 大类型：直接测量数据（按照其获取方式定义：直接观测或测量）、活动数据和排放因子，其中活动数据又包括过程和财务两种类型，排放因子又包括由投入产出法计算得到和由过程生命周期评价计算得到两种类型。再如，不确定性包括 3 种类型：参数、场景和模型不确定性。其中参数的不确定性又包括四类参数的不确定性：直接测量数据、活动数据、排放因子以及全球变暖潜能值（GWP）。在目前的三大产品碳足迹标准（ISO 14067、PAS 2050、GHG Protocol）中，GHG Protocol 的概念和分类是最为细致全面的。②方法层面，该标准在数据收集、计算等方法上相对开放灵活，选择性强。例如，在数据收集中，高成本或者对公司来说具有重大战略意义的过程，皆可以作为优先选项进行数据收集工作。该标准的截断规则规定：可以将对于某一个过程，生命周期某一个阶段或者全生命周期的总质量、体积或者碳排放而言不重要的排放源排除在

外。从这个规定可以看出对于“不重要”的定义和参考方式很灵活多变，是基于具体核算目的而定的。综上所述，GHG Protocol在具体操作层面非常灵活，可以让企业针对自身核算的商业目的比较自由地选取需要核算的过程和排放源，但是同时由于限制少，不可避免地会增加核算的主观性，也有可能会造成对比性相对降低。

（3）国际标准化组织产品碳足迹量化标准 ISO 14067

ISO 14067 由国际标准化组织于 2013 年发布，2018 年进行了修订，旨在解决各个国家或机构颁布的产品碳足迹评价标准和规范存在明显的理念和核算方法差异，且不同标准或规范核算的产品碳足迹结果难以有效比较的问题。该标准提供了产品碳足迹核算最基本的要求和指导，被认为是更具普遍性的标准。在 ISO 14067 中，产品碳足迹的定义为：基于生命周期法评估得到的一个产品体系中对温室气体排放和清除的总和，以二氧化碳当量表示其结果。ISO 14067 规定研究目标必须说明开展研究的原因、预期的应用及对象。ISO 14067 颁布之后，其他产品碳足迹的相关标准将被终止使用或者根据此国际标准进行修正。ISO 14067 规定了量化产品碳足迹的原则、要求和指南、产品碳足迹报告等内容，其方式与生命周期评价相关国际标准（ISO 14040 和 ISO 14044）一致，还规定了部分产品碳足迹量化的要求和指南，其特点为：以生命周期评价方法作为产品碳足迹的量化方法，温室气体核算部分以及表示部分借鉴 ISO 14064 系列标准。在 PAS 2050 五个原则的基础上，还对生命周期观点、相关方法和功能单位、迭代计算方法、科学方法选择顺序、避免重复计算、参与性、公平性等作了规定，以指导产品碳足迹量化与信息交流实践。

ISO 14067 从最初构建到正式出台历时 4 年，是 ISO 依据 PAS 2050 发展而来，最初草案是环境管理技术委员会在 2009 年 6 月提出，而后于 2012 年 10 月在 ISO 官方网站上公布了标准草案版。ISO 14067 的主体部分是依照 ISO 14040 和 ISO 14044 提出的生命周期评价的基本步骤和框架，其中有两个小章节则部分引用和参照了前面所介绍的两个标准："特殊过程的处理"来源于 PAS 2050：2011；"回收分配"来源于 GHG Protocol。从整个产品碳足迹的发展历程来看，在 ISO 14040 和 ISO 14044 提供的生命周期评价的基本框架和原则之上，PAS 2050 首先提出了专门针对产品碳足迹核算的相关规范，可视作产品碳足迹标准的始祖。GHG Protocol 则是在前两者的基础上，更加完善补充了前两者的不足，主要目的是为企业、公司核算产品碳足迹提供详细指导和规范，相对来说，更加有针对性地服务企业的商业目标。在 PAS 2050 与 GHG Protocol 的基础上，ISO 14067 出台，其步骤和结构实质上与生命周期评价基本一致，内容上部分参考了前面的两个标准，不过它的出台与发布使得产品碳足迹核算的全球影响力得到了提高。

ISO 14067 因由 ISO 制定出台，具有一定的普适性，其服务对象不仅包括商业认证和目标，也包括个人的科研工作等。①概念层面，该标准建立在 ISO 14040 和 ISO 14044 的生命周期评价基本步骤和框架的基础上，省略了部分生命周期影响评价（life cycle impact assessment，LCIA）的内容，同时添加了处理碳排放的特殊过程的相关指导，增强了标准的针对性和目的性；②方法和参数层面，ISO 14067 目前很多方面缺乏明确的方法参考和定量的参数规定（例如关于含碳产品延迟排放的影响，该标准规定产品延迟 10 年以上的排放，应当考虑延迟时间的影响，但是没有提供任何核算方法，只要求如果核算请列举使用的方法），甚至在有些方面，如是否考虑固定资产的影响等，缺乏相关的阐释和描述，这就给使用标准的人员，尤其是没有受到过严格培训的人员带来了较大的困难，使其在解读过程中产生歧义而最终引起计算结果的不确定性。因此，ISO 14067 对于产品碳足迹核算的实际指导性较 PAS 2050 和 GHG Protocol 而言稍弱。

（4）日本 TS Q0010：2009

为了响应“福田蓝图”所提出的长期减排目标，2009 年 3 月，日本出台了适用于所有产品和服务的碳足迹产品分类规则，同年 4 月 20 日，日本工业标准委员会（JISC）发布了日本国家标准 TS Q0010：2009，日本也成为最早制定碳足迹核算国内标准的亚洲国家。TS Q0010：2009 虽然在内容和执行步骤上基本沿袭了 PAS 2050 的核算体系，可以说是英国标准的日本版，但是也有明显的自身特色。例如，TS Q0010：2009 更加注重和强化产品分类，并对分类规则加以完善。

2012 年 3 月，日本共有 495 项产品（约 100 家企业）通过了产品碳足迹的评估，并在实践中建立了碳排放因子数据库（约 1 200 项数据），这是日本国家生命周期评估资料库（LIME）的重要组成部分。随着日本政府的大力推动，Sapporo 啤酒、Aeon 超市、Lawson 便利店及松下电器等多家企业先后宣布加入碳标签计划，这些公司的产品需要经过碳足迹验证并且加贴碳标签之后才能够获准进入市场，TS Q0010：2009 标准已然成为日本国内产品碳足迹核算最重要的技术性规范。

（5）欧洲标准化委员会 PEF 认证体系

2013 年 9 月，欧盟出台了“建立绿色产品统一市场”政策，并颁布了 PEF 标准和组织环境足迹（Organization Environmental Footprint，OEF）标准，标志着欧盟市场开始采用统一的绿色评价方法，即基于 LCA 的环境足迹评价法。CEN 建立了 PEF 认证体系，已发布 19 种产品的 PEFCR，涵盖全行业。PEF 包括了产品的碳足迹等资源环境指标，并参考了众多现有的温室气体核算体系标准。由于 PEF 规范的要求适用于所有出口到欧盟的产品，因此迅速受到各方的欢迎。

PEF 的特别之处在于，它不仅包括 LCA 评价方法的目的、范围、排放系数、环境足迹影响类型等内容，还包括了 14 种环境影响，除了对气候变化的影响和对臭氧减少的影响外，也有富营养化的影响（水生生态系统）、对自然资源的影响（矿物等）。

不同生命周期产品碳足迹核算规范或标准对比见表 2.2。

表 2.2 不同生命周期产品碳足迹核算规范或标准

规范或标准	PAS	ISO 14067	GHG Protocol	TS Q0010：2009
发布单位	BSI	ISO	WRI 与 WBCSD	JISC
温室气体种类	IPCC 的 60 多种（有 GWP 数值）	IPCC 的 60 多种（有 GWP 数值）	主要为《京都议定书》要求的 6 类气体以及 NF_3	主要为《京都议定书》要求的 6 类气体
系统边界	从原材料到使用完毕和废弃，不包括资本产品和人力资源	从原料获取到弃置；同时包括摇篮到坟墓，以及摇篮到大门	从原料获取到弃置结束；直接过程和间接过程都需要；摇篮到坟墓、摇篮到大门	采购到废弃和回收5 个阶段
数据来源	经同行评议的出版物；ILCD	基于控制的独立过程；兼顾定性与定量；ILCD	使用质量指标评估后的数据；EEIO 模型；ILCD	通用数据；政府建立的排放因子数据库
适用目标	B2B、B2C	B2C、B2C	B2B、B2C	B2C
取舍标准	对碳足迹达到 1% 的实质贡献都应包含在内，至少 95%的预期排放	基于物质、能量流动或显著水平	1%以上的实质贡献；通过上限假设来决定是否有意义并进行报告	根据产品分类规则（PCR）而定
主要引用规范或标准	ISO 14040 ISO 14044 IPCC 2007	ISO 14064-6 PAS 2050 GHG Protocol	ISO 14040 IPCC 2006 PAS 2050	ISO 14040 ISO 14064 IPCC 2007

（6）国际电信联盟（ITU）发布的 L.1410 等标准

聚焦信息通信产品，ITU 在 2014 年发布了 L.1410。另外还有 4 项碳足迹评估标准在研制中，包括《智能手机碳足迹评价指南》《通信用锂离子电池碳足迹评价指南》《服务器碳足迹评估指南》《移动通信终端碳足迹评估指南》。

2.1.2　应用现状

在国际上，美国、英国、法国、日本、韩国等国家的碳足迹评价和标识发展比较迅速，对碳足迹的分析研究也处于领先地位，应用范围大多为与日常生活密切相关的产品。产品类别偏向于食品、玩具、纺织服装、生活用品等与日常生活关系密切的产品。为了建立规范、统一的 LCA 体系，保证 LCA 结果的可信度与可比性，ISO 14025 国际标准进一步提出了制定各类产品 LCA 评价细则（如 PCR）的概念和基本要求。PCR 是 LCA 评价细化与规范化、迈向实际应用的重要基础，也是编制 EPD 报告的准则。国外 PCR 标准数量多、PCR 较完善、EPD 认证体系丰富、业务体系较为成熟。

（1）英国

碳标签发展历程中，英国是全球最早推出产品碳标签制度的国家。为了推广碳标签制度，英国政府专门设立了碳基金向使用“碳标签”企业提供资金支持。碳标签制度实施后，英国最大的超市 Tesco 所有商家的 7 万余种商品都要求进行碳足迹标识，90%的家庭表示至少曾买过一种以上贴有“碳标签”的产品。英国碳基金表示，尽管受到疫情影响，公众、企业对于碳标签计划的兴趣仍稳步上升，关于碳标签的咨询量增长了 25%。截至 2022 年 10 月，已有包括英国天然气公司、英国糖业公司在内的 51 家大型公司实施了产品碳足迹标签，覆盖 2.7 万多种产品和服务。苏格兰哈利法克斯银行在核算碳足迹时发现，改进银行网点的 ATM 设置，可使单个 ATM 能耗降低 30%。英国信托公司的碳标签服务已覆盖全球 40 多个国家和地区，目前该公司已在北京投资成立机构以开拓中国市场。

关于 PCR，英国建筑研究院（BRE Global Limited）仅在建材行业建立了 EN 15804 EPD 认证体系，统一使用 BRE Global EN 15804 PCR 和 PN 514 Rev 2.0 标准。

（2）日本

2009—2011 年，日本开启为期 3 年的碳标签项目试点工作，约有 500 件产品通过碳足迹认证。试行初期主要针对食品、家用电器、饮料、日化用品等 10 个行业，试点工作开展过程中，Sapporo 啤酒厂、Aeon 超市、Lawson 便利店以及松下电器等相继加入。日本产品碳足迹评估体系由企业自主自愿参加，不具有强制性。2011 年 4 月，日本开始实施农产品碳标签制度，要求摆放在商店的农产品通过碳标签，向消费者展示其生产过程中排放的二氧化碳。此外，在碳足迹核查等方面，日本注重保证评估结果的可靠性和控制组织（企业）成本两个方面寻求平衡，其核查的指导思想是向消费者提供可靠的信息，并不对组织（企业）构成过重的负担。2012 年 3 月，由日本政府主导的产品碳足迹试点项目顺利结束，项目执行期间，共通过了 73 项产品类别规则，有 495 项产品（约 100 家企业）通过了产品的碳足迹评估，其中食品和必需品的占比较大。通过项目的实施，日本制定了有关产品碳足迹的各类文件，如表 2.3 所示。与此同时，在日本政府的牵头下，建立了碳排放数据库，由政府部门负责统计，2012 年约有 1 200 项数据，覆盖能源、金属、运输、废弃物处理，以及电子电气、食品、饮料、纺织等行业，并按照《排放系数的认证与操作规则》（R-05-01）和《基础二手数据要求》（C-01-01）对数据质量进行管控。

表 2.3　日本产品碳足迹相关文件

文件	内容	发布日期
碳足迹计划的整体思路（指导方针）	实施碳足迹计算的指导方针，为产品碳足迹量化方法提供框架	2009-03-03
制定关于产品碳足迹的产品类别规则的标准	适用于所有产品和服务的一般规则	2009-03-03
TS Q0010	以指导方针为基础，作为国家标准予以编制和公布	2009-04-20
PCR 草案注册及 PCR 审核准则	PCR 的注册程序和后续审核	2009-06-01
产品碳足迹计算和查证准则	产品碳足迹计算（包括标示内容）和查证的程序	2009-08-03
碳足迹标识准则	碳足迹标签的标示信息、式样、颜色、尺寸等要求	2009-08-03
产品碳足迹项目的参考数据	项目期间产品碳足迹计算的数据收集	2009-08-03

目前，日本丰田汽车、松下电器等企业均实施了碳标签，覆盖 615 种产品。

日本产业环境管理协会（JEMAI）建立了 EcoLeaf 环境标签程序（EcoLeaf Environment Labeling Program）认证体系，已发布 30 种产品的 PCR，涵盖全行业。

（3）美国

美国碳标签实行自下而上的推行政策，先由企业或者非营利组织自发推行碳标签制度，然后由国家层面出台相应政策来管理碳标签的实施。

美国主要实行 4 种类型的碳标签。第一种为 2007 年由非营利组织碳基金（Carbon Fund）推行的美国第一个碳中和标签——无碳认证标签，此标签没有具体的二氧化碳排放数值，仅仅表明公司对产品生产过程中不会产生二氧化碳的承诺，组织通过确定产品的碳足迹，尽可能减少碳排放量，并通过第三方验证的碳减排项目抵消剩余排放量。该标签核算准则为基于 LCA 自行推出的碳足迹协议，产品主要有服装、糖果、饮料、电烤箱、组合地板等。第二种是 2007 年美国气候咨询（Climate Conservancy）推行的气候意识（Climate Conscious）标签，基于 LCA 确立的核算主责，将碳标签的等级从高到低依次设为金、银、铜，等级越高，产品的碳排放量也就越低，从而引导消费者在购买过程中选择等级高的产品和服务，培育低碳消费方式。第三种为 2007 年美国 Timberland 公司依据 LCA 计算二氧化碳排放量的私有碳标签——Timberland 绿色指数，该指数设定的环境影响数值范围为 0～10，其根据气候影响、化学品和资源的碳排放量平均值计算而得。最后一种是 2009 年推行的美国唯一一个公共碳标签计划——食品碳标签，由加利福尼亚州出台的“加州参议院标签法案”所提出，以 LCA 为核算准则，主要在食品中使用，如保健品和经认证的有机食品，其目的在于提供更多的碳信息，引导消费者购买低碳产品。美国碳标签的多样化，使其涉及领域较为广泛。

苹果公司要求其供应商披露碳足迹信息并开展低碳管理，2019 年参与供应商能效项目的工厂数量达到 92 家，减少了近 77.9 万 t 碳排放。2021 年苹果公司各项环保措施帮助公司减少了近 2 300 万 t 的碳排放量，碳足迹与 2015 年相比下降 40%。百事集团旗下的沃克尔薯片公司，核算土豆在种植、采购、运输、生产、销售等环节的碳排放量，以此优化采购流程，使得薯片单位产量的生产能耗下降 33%。截至 2022 年 8 月，美国已有沃尔玛等 27 家大型公司执行碳标签，应用于食品、服装、家用电器等 167 种产品。

在应用碳足迹的过程中，由美国政府牵头且下属机构执行建设运作的 U.S. LCI 数据库，通过整合科研机构及个体的数据，目前已建立超过 2 500 项数据，内容包含原油和天然气、金属、化学品、运输等工业基础和电子电气制造等行业。

美国 UL 公司环境部门建立了 UL 认证体系，已发布 39 种产品的 PCR，主要为建材行业，如卫生陶瓷、门窗、管道等。美国 SCS Global 建立了 SCS 认证体系，目前发布了 346 种产品的 EPD 报告，暂时查到 7 种产品的 PCR。主要采用其他机构的 PCR 来做 EPD，涵盖全行业。

（4）法国

法国碳标签实施开始于 2008 年，法国连锁超市 Casino 和 E. Leclerc 分别引入了 Indice Carbone 和 Bilan Carbone 两种碳标签。Casino 是法国著名的零售商，2003 年开始推出一系列环保措施，其中包括后来的私有标签——Indice Carbone 标签，该标签明确标示出产品全生命周期内排放的二氧化碳数值；Bilan Carbone 标签是碳等级标签，共分为 7 个等级，即 A～G，每个等级都有其专有的颜色条。

2009 年法国参议院通过了《格勒诺环境法案》，该法案规定从 2011 年开始实施，强制要求市场上销售的所有产品都要将其全生命周期的碳信息披露出来，以告知消费者产品的碳信息。在法国，碳标签的实施是由私人企业上升到国家层面的，由此，法国成为世界上第一个将碳标签编进法典的国家。2021 年 4 月，法国国民议会通过了《在产品上添加“碳标签排放分数”标签》这一修正法案。

（5）韩国

2008 年 7 月，韩国进行碳标签试点项目，涵盖燃气锅炉、饮料、洗衣机、食品、洗发水、航空、家具等行业，同年 12 月评价试点结果，2009 年 2 月正式发布《碳标签认证指南》，并开始实施碳标识制度，运行模式为政府支撑的市场化运行机制。三星、韩亚航空、韩国林奈燃气设备公司等企业都在实施碳标签，覆盖燃气锅炉、洗发水等 1 792 种产品。韩国计算碳足迹时，核算范围的不同点表现在：耗能产品涉及除制造阶段之外的生命周期各阶段，非耗能产品涉及不包含使用阶段的生命周期各阶段。韩国产品碳标识包括两种类型：其一为“温室气体排放量”标识，在标识上显示产品碳足迹，包括锅炉、水过滤设备、洗衣机、衣柜、洗发液、豆腐等在内的产品和服务获得了该类标识；其二为“低碳”标识，获得“温室气体排放量”标识的产品在达到国家有关碳足迹的最低削减目标时，可获得“低碳”标识。

1998 年至今，由韩国政府牵头、下属机构执行建设运作的韩国 LCI 数据库，包含能源、金属、运输、终端处理等工业基础和电子元器件等行业在内的近 400 项数据，保障了产品碳足迹评价结果的区域代表性和准确性。

韩国环境产业技术院（KEITI）建立了 KEITI EDP 认证体系，已发布 10 种产品的 PCR，涵盖全行业。

（6）瑞士

瑞士的碳标识由企业自行发起，瑞士最大的连锁超市 Migros 于 2007 年启动了产品碳标识项目。顾客可以在 Migros 的一些自有品牌的产品上找到认证机构 Climatop 授予的碳标识。该标识不仅展示了产品的碳含量，还证明贴有碳标识的产品比同类产品的碳效率高 20%。经 Climatop 标识核算的产品包括环保购物袋、有机原料蔗糖、奶油、洗衣液、衣服、卫生纸、洗碗巾和电池等。

瑞士政府牵头下设非营利机构，于 1988 年创建 ecoinvent 数据库，目的是解决瑞士长期存在的多个 LCI 数据库建设内容重复、数据质量不一致的现象，为国家提供高质量、有代表性、透明度高的数据库。初期由瑞士公路、能源、环保等几大政府部门共同资助，并成立 ecoinvent 协会执行数据库建设工作。目前最新发布的 ecoinvent 3.8 版本，拥有 19 000 多个系统数据集，内容覆盖能源、基础原材料、运输、种植、养殖、废弃物处理等基础工业和电子产品制造、电子元器件、食品制造、纺织品制造等多个行业，已成为世界范围内认可度最高的 LCI 数据库。

（7）德国

德国碳标签制度始于由德国政府支持的“德国产品碳足迹试点项目”。该项目由世界自然基金会（World Wide Fund for Nature，WWF）、应用生态学研究所（Institute for Applied Ecology，IAE）、波茨坦气候影响研究所（The Potsdam Institute for Climate Impact Research，PIK）及 Themal 智囊团（柏林）共同完成。自德国政府推出碳标签制度，巴斯夫股份公司（BASF SE）、德国朗盛（DSM）、德国汉高公司（Henkel）和 REWE 集团（REWE Gruppe）等数十家德国企业积极参与。

德国环保署建立了 IBU 认证体系，开发了共三大类（包括基础材料和前驱体、建筑产品、建筑服务工程）、34 小类、101 种建材的 PCR，仅涉及建材行业。

（8）其他国家

瑞典 EPD International AB 公司建立了 The International EPD® System 认证体系，已发布 194 种产品的 PCR，涵盖全行业。澳大利亚 Global GreenTag International Pty Ltd 建立了 Global GreenTag 认证体系，已发布了 29 种产品的 PCR，涵盖全行业。挪威 The Norwegian EPD Foundation 建立了 EPDN 认证体系，已有五大类（建材、家具、能源、包装、化学品）、24 小类 EPD 报告（查询到 7 类产品 PCR），涵盖全行业，大部分为建材。奥地利 Bau EPD

GmbHtion 建立了 Bau-EPD 认证体系，已经发布了 17 种产品的 PCR，涵盖建材和消费品行业。

2.1.3 小结

本节介绍了国际上常用的碳足迹评价标准，包括 PAS 2050、ISO 14067、GHG Protocol、TS Q0010：2009、PEF 认证体系和 L.1410，简要研究分析了英国、美国、日本、法国、韩国、瑞士、德国等典型国家碳足迹应用现状。通过分析研究，得出以下结论：

1）碳足迹目前没有统一的计算标准，各国产品碳足迹计算准则都是基于 LCA。

2）根据对参与主体的约束力，可以将碳标签分为自愿性碳标签和强制性碳标签。目前大多数发达国家推行的碳标签制度属于自愿性碳标签。

3）根据碳标签的属性，可以将碳标签分为公共碳标签和私有碳标签。公共碳标签的计划所有者是政府，而私有碳标签由私人公司经营，政府只发挥有限作用。国际上大多数碳标签实施者是政府机构，私人实施碳标签的数量有限，仅在法国和美国出现。

4）根据碳标签的表现形式，可以将碳标签分为碳标识标签、碳得分标签和碳等级标签 3 种。3 种碳标签形式各有利弊，各国选择碳标签的形式各有不同。

5）碳排放数据库建设具有涉及行业广、数据处理专业性强、整体工作量大等特点。各国产品碳足迹数据库建立都是在权威部门统筹下的开放性数据收集模式，通过多方合作保障数据处理的专业性、统一性和系统性。

2.2 国内碳足迹标准与应用现状

2.2.1 国外标准使用情况

为更好支持我国“双碳”目标实现，贯彻落实国务院《关于加快建立健全绿色低碳循环发展经济体系的指导意见》的相关要求，国家发展改革委提出立项需求，拟编制《产品碳足迹 量化要求和指南》国家标准，等同采用《温室气体 产品碳足迹 量化要求和指南》（ISO 14067：2018），对产品碳足迹量化和报告的原则、要求和指南等方面做出规范。

（1）ISO 14067

由全国环境管理标准化技术委员会（SAC/TC207）和全国碳排放管理标准化技术委员会（TC548）提出并归口的国家标准项目《温室气体 产品碳足迹 量化要求和指南》已通过批准立项（计划号：20230777-T-469）。2023 年 11 月，起草组已完成标准征求意见稿。该标准等同采用 ISO 国际标准——ISO 14067：2018。

（2）PAS 2050

2009 年 6 月，在英国大使馆 SPF 基金项目“引入 PAS 2050 对产品和服务的温室气体排放进行评价”的支持下，《商品和服务在全生命周期内的温室气体排放评价规范及使用指南》（2008 年版）中文版正式发布，是国内首个 PCF 领域标准，也是目前我国计算 PCF 应用最多的标准。

（3）ISO 14040 及 ISO 14044

ISO 14040、ISO 14044 两个标准构成了 LCA 核算体系框架。我国依据 ISO 14040 及 ISO 14044 制定了《环境管理　生命周期评价　原则与框架》（GB/T 24040—2008）和《环境管理　生命周期评价　要求与指南》（GB/T 24044—2008）。

（4）其他使用情况

ISO 14067 和 PAS 2050 都为企业和组织提供了科学、系统的碳足迹评估方法，有助于量化产品或服务的环境影响，目前国内企业和第三方机构对各类产品进行碳足迹核算、核查和认证时，主要依据的是国外标准 ISO 14067 或 PAS 2050。

2.2.2　国内标准研发情况

当前我国在碳排放管理标准方面已开展了一系列工作，如成立全国环境管理标准化技术委员会温室气体管理分技术委员会（SAC/TC207/SC7）、全国电工电子产品与系统的环境标准化技术委员会温室气体排放标准化工作组（TC297/GHG WG）、全国碳排放管理标准化技术委员会（TC548），分别对口国际对应领域的标准化组织，统筹规划对应领域国家标准制（修）订工作。

2023 年 4 月 17 日，国家标准化管理委员会秘书处发布《碳达峰碳中和标准体系建设指南》，主要目标围绕基础通用标准，以及碳减排、碳清除、碳市场等发展需求，基本建成碳达峰、碳中和标准体系，重点建设内容包括基础通用标准子体系、碳减排标准子体系、碳清除标准子体系、市场化机制标准子体系 4 个方面，其中基础通用标准子体系要求研制产品碳足迹量化和种类规则等通用标准，探索制定重点产品碳排放核算及碳足迹标准，制（修）订碳排放核查程序、人员和机构等基础共性标准。

2023 年 8 月 3 日，工业和信息化部、科技部、国家能源局和国家标准化管理委员会发布《新产业标准化领航工程实施方案（2023—2035 年）》，提出全面推进新兴产业标准体系建设，其中绿色环保在碳达峰、碳中和方面要研制组织温室气体排放量、项目温室气体减排量、产品碳足迹核算核查标准等。由此可见，产品碳足迹的核算和核查及相关标准的制定具有引领产业升级的先导性作用，是建设现代化产业体系坚实的技术支撑。

2008 年至今我国发布的碳足迹相关标准共有 130 余项。从层级角度看，团体标准相对较多，上级标准相对较少。从标准类别看，国内碳足迹标准主要包括通则类、标识标签类、产品碳足迹评价类、核算与报告类。其中，通则类标准主要有 4 项，为上海、广东和深圳在 2016—2017 年发布的地方标准，以及广东省节能减排标准化促进会 2016 年发布的团体标准；标识标签类标准有 2 项，为广东省节能减排标准化促进会发布的碳足迹标识、碳足迹声明标识方面的标准，标准涉及的产品主要有电子电器产品、农食品、轻工化工产品、电池及电池材料类产品、机械产品、钢铁产品、建筑材料产品。

此外，为发挥标准在绿色设计产品评价中的规范引领作用，

2022年9月16日，工业和信息化部公布了绿色设计产品标准清单，其中包括 2 项通用通则，以及石化、钢铁、有色、建材、机械、轻工、纺织、通信、包装9个行业的159项具体技术规范。据悉，后续工信部将根据工作进展情况，不定期更新标准清单。标准中仅包括相关产品简略 LCA 的要求，不是严格的 PCR。

（1）国家标准

随着国外相继颁布产品碳足迹评价标准及相关的政策文件，我国对低碳发展和产品碳足迹评价标准的关注和认识日益增强。环境保护部于 2009 年 10 月宣布将给予符合低碳认证的产品加贴低碳标签，正式启动实施产品低碳计划；国家发展改革委、国家认证认可监督管理委员会于 2010 年 9 月组织召开了“应对气候变化专项课题——我国低碳认证制度建立研究”的启动会暨第一次工作会议，标志着我国启动新一轮全面开展低碳认证制度的相关科学研究；国家发展改革委、国家认证认可监督管理委员会于 2013 年共同制定《低碳产品认证管理暂行办法》，规定了低碳产品的认证实施、认证标志、监督管理等制度，进一步规范和完善了节能低碳产品认证制度，为建立我国碳足迹评价标准打下了良好的基础。2013—2016 年，我国共发布两批低碳产品认证目录，包括通用硅酸盐水泥、平板玻璃、铝合金建筑型材、中小型三相异步电动机、陶瓷砖（板）、轮胎、纺织面料等产品。

LCA 是产品碳足迹评价的基本方法，可为碳足迹评价提供规范支撑。我国积极开展生命周期评价相关的标准转化和制定工作，发布了《环境管理　生命周期评价　原则与框架》（GB/T 24040—2008）和《环境管理　生命周期评价　要求与指南》（GB/T 24044—2008），并完成浮法玻璃、金属复合装饰板材、钢铁产品、电子电气、变压器、电机、机械、塑料等 12 项全生命周期评价规范性文件（表 2.4）。已发布的产品碳足迹国家标准主要是 3 项生物基塑料的碳足迹标准。1 项等同采用 ISO 14067：2018 的国家标准《温室气体　产品碳足迹　量化要求和指南》（征求意见稿）已发布。总体来看，我国现行的国家全生命周期评价标准主要集中在几类产品，我国产品碳足迹评价国家标准较少，产品碳足迹的评价工作尚未完全展开。

表 2.4　产品全生命周期相关标准

序号	标准号	标准名称	实施日期
1	GB/T 41761—2022	湿法脱硫系统耐蚀材料全生命周期技术要求	2023-05-01
2	GB/T 41638.1—2022	塑料　生物基塑料的碳足迹和环境足迹　第 1 部分：通则	2023-02-01
3	GB/T 41251—2022	生产过程质量控制　生产装备全生命周期管理	2022-10-01
4	GB/Z 40824—2021	环境管理　生命周期评价在电子电气产品领域应用指南	2022-05-01
5	GB/T 40093—2021	变压器产品生命周期评价方法	2021-12-01
6	GB/T 40100—2021	电机产品生命周期评价方法	2021-12-01
7	GB/T 38835—2020	工业机器人　生命周期对环境影响评价方法	2020-12-01
8	GB/T 37552—2019	电子电气产品的生命周期评价导则	2020-01-01

序号	标准号	标准名称	实施日期
9	GB/T 33222—2016	机械产品生命周期管理系统通用技术规范	2017-07-01
10	GB/T 32813—2016	绿色制造　机械产品生命周期评价　细则	2017-03-01
11	GB/T 30052—2013	钢铁产品制造生命周期评价技术规范（产品种类规则）	2014-05-01
12	GB/T 29157—2012	浮法玻璃生产生命周期评价技术规范（产品种类规则）	2013-10-01
13	GB/T 29156—2012	金属复合装饰板材生产生命周期评价技术规范（产品种类规则）	2013-10-01
14	GB/T 26789—2011	产品生命周期管理服务规范	2011-12-01
15	GB/T 26119—2010	绿色制造　机械产品生命周期评价　总则	2011-10-01
16	GB/T 24025—2009	环境标志和声明　Ⅲ型环境声明　原则和程序	2009-12-01
17	GB/T 24044—2008	环境管理　生命周期评价　要求与指南	2008-11-01
18	GB/T 24040—2008	环境管理　生命周期评价　原则与框架	2008-11-01

（2）地方标准

北京、上海、广东、深圳、绍兴等地陆续出台了 18 项产品碳足迹地方标准（表 2.5）。

表 2.5　产品碳足迹相关地方标准

序号	标准编号	标准名称	所属地区
1	DB11/T 1564—2018	种植农产品温室气体排放核算指南	北京
2	DB11/T 1565—2018	畜牧产品温室气体排放核算指南	北京
3	DB11/T 1616—2019	农产品温室气体排放核算通则	北京

序号	标准编号	标准名称	所属地区
4	DB11/T 1860—2021	电子信息产品碳足迹核算指南	北京
5	DB31/T 1071—2017	产品碳足迹核算通则	上海
6	DB44/T 1941—2016	产品碳排放评价技术通则	广东
7	DB44/T 1503—2014	家用电器碳足迹评价导则	广东
8	DB44/T 1449.1—2014	电子电气产品碳足迹评价技术规范　第 1 部分：移动用户终端	广东
9	DB44/T 1874—2016	产品碳足迹　产品种类规则　巴氏杀菌乳	广东
10	SZDB/Z 166—2016	产品碳足迹评价通则	深圳
11	DB4403/T 281—2022	产品碳足迹评价技术规范　服装	深圳
12	DB4403/T 282—2022	产品碳足迹评价技术规范　微型计算机	深圳
13	DB4403/T 283—2022	产品碳足迹评价技术规范　家用纺织品	深圳
14	DB4403/T 284—2022	产品碳足迹评价技术规范　乳制品	深圳
15	DB4403/T 285—2022	产品碳足迹评价技术规范　手机	深圳
16	DB4403/T 286—2022	产品碳足迹评价技术规范　印刷品	深圳
17	DB3306/T 053—2023	产品碳足迹评价技术规范　化纤面料	绍兴
18	DB15/T 2872—2023	生命周期评价准则　羊绒制品	内蒙古

上海《产品碳足迹核算通则》主要规定产品生命周期内的碳排放核算和评估的具体方法及要求，适用于产品全生命周期碳排放的核算和评估，也可用于部分生命周期碳排放的核算与评估，标准不包含量化过程中的抵消，生物质碳涉及的排放也不纳入核算。

广东《产品碳排放评价技术通则》规定了产品碳排放评价的通用原则和要求、目标及范围、系统边界、数据收集与计算、不确定性分析、具体产品碳排放评价技术规范的内容、产品碳排放评价报告及信息披露。

深圳《产品碳足迹评价通则》由深圳市市场监督管理局归口，规定了产品碳足迹评价应遵循的原则、排放与清除要求、产品碳足迹评价方法以及产品碳足迹通报等内容。同时，深圳发布了服装、家用纺织品、微型计算机、乳制品、手机、印刷品 6 项具体产品类型的碳足迹评价技术规范。

北京、广东以及绍兴分别对种植农产品、畜牧产品、电子信息产品和家用电器、电子电气产品以及化纤面料发布了碳足迹评价地方标准。

内蒙古 2023 年发布了《生命周期评价准则　羊绒制品》。该标准规定了羊绒制品生命周期评价原则、评价框架和方法及报告的一般要求，可用于羊绒制品生命周期评价研究与应用，以及评价羊绒制品生命周期的环境影响。

（3）行业标准

电子和通信行业已发布 7 项碳足迹评价行业标准，涵盖的产品类别有液晶电视机、液晶显示器、便携式计算机、台式微型计算机、光伏组件、移动通信手持机和以太网交换机。纺织、建材、石化、冶金、通信等行业有 13 项碳足迹评价行业标准在研制中（表 2.6）。

表 2.6 产品碳足迹相关行业标准

序号	标准编号	标准名称	所属行业
1	SJ/T 11718—2018	产品碳足迹　产品种类规则　液晶电视机	电子
2	SJ/T 11717—2018	产品碳足迹　产品种类规则　液晶显示器	电子
3	SJ/T 11735—2019	产品碳足迹　产品种类规则　便携式计算机	电子
4	SJ/T 11736—2019	产品碳足迹　产品种类规则　台式微型计算机	电子
5	SJ/T 11926—2024	产品碳足迹　产品种类规则　光伏组件	电子
6	YD/T 3048.1.1—2016	通信产品碳足迹评估技术要求　第 1 部分：移动通信手持机	通信
7	YD/T 3048.2.2—2016	通信产品碳足迹评估技术要求　第 2 部分：以太网交换机	通信
8	2021-1807T-FZ（制定中）	产品碳足迹　产品种类规则　纺织产品	纺织
9	2021-1782T-JC（制定中）	产品碳足迹　产品种类规则　建筑卫生陶瓷	建材
10	2021-1777T-JC（制定中）	产品碳足迹　产品种类规则　金属复合装饰材料	建材
11	2021-1781T-JC（制定中）	产品碳足迹　产品种类规则　墙体材料	建材
12	2021-1778T-JC（制定中）	产品碳足迹　产品种类规则　人造板和木质地板	建材

序号	标准编号	标准名称	所属行业
13	2021-1722T-SH（制定中）	产品碳足迹　产品种类规则　石化产品	石化
14	2021-1780T-JC（制定中）	产品碳足迹　产品种类规则　岩（矿）棉及其制品	建材
15	2021-1779T-JC（制定中）	产品碳足迹　产品种类规则　预拌砂浆	建材
16	2021-1739T-YB（制定中）	钢铁产品碳足迹评估通用要求	冶金
17	2021-1820T-YD（制定中）	产品碳足迹　产品种类规则　移动通信手持机	通信
18	2021-1821T-YD（制定中）	产品碳足迹　产品种类规则　光缆	通信
19	2021-1822T-YD（制定中）	产品碳足迹　产品种类规则　通信电缆	通信
20	2023-0355T-YD（制定中）	产品碳足迹　产品种类规则　数据传输交换设备	通信

（4）团体标准

随着《中华人民共和国标准化法》的实施，团体标准迎来快速发展期，据不完全统计，各团体组织发布与碳足迹相关的团体标准共有 80 项（表 2.7）。

表 2.7　产品碳足迹相关团体标准

序号	标准编号	标准名称	归口单位
1	T/SQIA 036—2023	碳足迹评价技术要求　微型计算机	深圳市质量检验协会
2	T/SQIA 035—2023	碳足迹评价技术要求　柔巾	深圳市质量检验协会
3	T/SQIA 034—2023	碳足迹评价技术要求　床上用品	深圳市质量检验协会

序号	标准编号	标准名称	归口单位
4	T/SQIA 033—2023	碳足迹评价技术要求　饮用纯净水	深圳市质量检验协会
5	T/SQIA 032—2023	碳足迹评价技术要求　晶体硅光伏组件	深圳市质量检验协会
6	T/SQIA 031—2023	碳足迹评价技术要求　木家具	深圳市质量检验协会
7	T/SQIA 030—2023	碳足迹评价技术要求　光伏逆变器	深圳市质量检验协会
8	T/SQIA 029—2023	碳足迹评价技术要求　贵金属饰品	深圳市质量检验协会
9	T/SQIA 028—2023	碳足迹评价技术要求　生活用纸	深圳市质量检验协会
10	T/SQIA 027—2023	碳足迹评价技术要求　瓦楞纸箱	深圳市质量检验协会
11	T/SQIA 026—2023	碳足迹评价技术要求　复印纸	深圳市质量检验协会
12	T/SQIA 025—2023	碳足迹评价技术要求　连衣裙	深圳市质量检验协会
13	T/SQIA 024—2023	碳足迹评价技术要求　液体乳	深圳市质量检验协会
14	T/SQIA 023—2023	碳足迹评价技术要求　动力电池	深圳市质量检验协会
15	T/SQIA 022—2023	碳足迹评价技术要求　便携式储能电源	深圳市质量检验协会
16	T/SQIA 021—2023	碳足迹评价技术要求　移动通信手持机	深圳市质量检验协会
17	T/CIET 209—2023	产品碳足迹评价导则　铝用阴极	中国国际经济技术合作促进会
18	T/CIET 206—2023	家用电器产品碳足迹评价导则	中国国际经济技术合作促进会
19	T/CIET 223—2023	电解铜箔产品碳足迹核算评价导则	中国国际经济技术合作促进会

序号	标准编号	标准名称	归口单位
20	T/CIET 225—2023	产品碳足迹评价导则　Mini LED 显示屏	中国国际经济技术合作促进会
21	T/CIET 195—2023	特种气体产品碳足迹评价导则	中国国际经济技术合作促进会
22	T/CIET 211—2023	铝电解用预焙阳极产品碳足迹核算技术规范	中国国际经济技术合作促进会
23	T/CIECCPA 047—2023	山茶油产品碳足迹量化与评价方法	中国工业节能与清洁生产协会
24	T/CIECCPA 045—2023	袜子产品碳足迹量化与评价方法	中国工业节能与清洁生产协会
25	T/GDES 79—2023	方便面碳足迹评价技术规范	广东省节能减排标准化促进会
26	T/GDLC 005—2023	新能源乘用车轮胎产品碳足迹评价技术规范	广东省低碳发展促进会
27	T/CIECCPA 041—2023	铜锻压及机加工系列产品碳足迹量化与评价方法	中国工业节能与清洁生产协会
28	T/CIECCPA 039—2023	垃圾焚烧电力碳足迹量化与评价方法	中国工业节能与清洁生产协会
29	T/CIET 187—2023	复合箔材产品碳足迹核算和认证评价标准	中国国际经济技术合作促进会
30	T/CIET 190—2023	太阳能薄膜电池产品碳足迹评价导则	中国国际经济技术合作促进会
31	T/CIET 193—2023	产品碳足迹评价导则　酰胺类化合物	中国国际经济技术合作促进会
32	T/CIET 199—2023	氢燃料电池产品碳足迹评价导则	中国国际经济技术合作促进会

序号	标准编号	标准名称	归口单位
33	T/CIET 177—2023	晶体硅太阳能电池产品碳足迹评价导则	中国国际经济技术合作促进会
34	T/CIET 192—2023	产品碳足迹评价导则　*N*-甲基吡咯烷酮	中国国际经济技术合作促进会
35	T/CIET 202—2023	硅基材料产品碳足迹核算和认证评价导则	中国国际经济技术合作促进会
36	T/ZAAM 0001—2023	电动汽车碳足迹评价规范	浙江省汽车行业协会
37	T/GDCPA 013—2023	产品碳足迹　光伏组件	广东省清洁生产协会
38	T/CEEIA 655—2022	电工产品碳足迹评价总则	中国电器工业协会
39	T/CEEIA 654—2022	零碳高能效区域能源系统　设备碳足迹评价导则	中国电器工业协会
40	T/CIET 171—2023	塑料薄膜（BOPP）碳足迹核算指南	中国国际经济技术合作促进会
41	T/CASTENG 015—2023	塑料注塑产品碳足迹评价规范	中国民营科技实业家协会
42	T/CASTENG 011—2023	聚丙烯汽车内部零件碳足迹评价规范	中国民营科技实业家协会
43	T/CIET 126—2023	电解铜箔产品碳足迹核算与评价标准	中国国际经济技术合作促进会
44	T/DZJN 128—2022	电器电子产品碳足迹评价　第 6 部分：家用和类似用途制冷器具	中国电子节能技术协会
45	T/DZJN 127—2022	电器电子产品碳足迹评价　第 5 部分：房间空气调节器	中国电子节能技术协会
46	T/SQIA 020—2023	碳足迹数据质量评价技术规范	深圳市质量检验协会
47	T/SQIA 019—2023	碳足迹评价通用技术要求	深圳市质量检验协会
48	T/CIECCPA 028—2023	钢铁厂石灰窑产品碳足迹量化与评价方法	中国工业节能与清洁生产协会

序号	标准编号	标准名称	归口单位
49	T/CIET 107—2023	工业电机产品碳足迹评价导则	中国国际经济技术合作促进会
50	T/ZZLIA 131202—2023	小麦制粉过程碳足迹评价技术规范	郑州市轻工业行业协会
51	T/XMBHXH 0001—2023	燕窝制品碳足迹评价技术规范	厦门市保健食品化妆品协会
52	T/ZFB 0048—2023	产品碳足迹评价技术规范　童装	浙江省纺织工程学会
53	T/OTOP 1021—2023	产品碳足迹　产品种类规则　鞋类产品	中国民族贸易促进会
54	T/CAB 0245—2023	碱性水电解制氢系统碳足迹　评价方法及要求	中国产学研合作促进会
55	T/ACEF 072—2023	食品碳足迹评价技术通则	中华环保联合会
56	T/CSTM 01088—2023	产品碳足迹评价方法　粒化高炉矿渣粉	中关村材料试验技术联盟
57	T/IPIF 0020—2023	栽培大型海藻碳足迹核算与评价标准	广东省知识产权投融资促进会
58	T/ZGZS 0505—2023	再生棉纱线产品碳足迹核算方法	中国再生资源回收利用协会
59	T/CIECCPA 021—2022	淡水珍珠碳足迹量化与评价方法	中国工业节能与清洁生产协会
60	T/CIECCPA 020—2022	珍珠面膜碳足迹量化与评价方法	中国工业节能与清洁生产协会
61	T/CIECCPA 019—2022	甘薯与甘薯加工产品碳足迹量化与评价方法	中国工业节能与清洁生产协会
62	T/CIECCPA 016—2022	种植业农产品与农加工产品碳足迹量化与评价导则	中国工业节能与清洁生产协会
63	T/CRRA 0305—2022	再生塑料产品碳足迹计算方法	中国物资再生协会

序号	标准编号	标准名称	归口单位
64	T/GDES 77—2022	茶类饮料碳足迹评价技术规范	广东省节能减排标准化促进会
65	T/SPSTS 038—2022	便携式和轻载锂离子电池碳足迹	深圳市电源技术学会
66	T/CIECCPA 008—2022	香榧与香榧加工产品碳足迹量化与评价方法	中国工业节能与清洁生产协会
67	T/DZJN 98—2022	质子交换膜燃料电池产品碳足迹评价导则	中国电子节能技术协会
68	T/DZJN 90—2022	铅蓄电池产品碳足迹评价导则	中国电子节能技术协会
69	T/LCAA 012—2022	农产品碳足迹核算通则	北京低碳农业协会
70	T/FSYY 0066—2022	产品碳足迹核算与报告要求　动力蓄电池梯次利用产品	佛山市高新技术应用研究会
71	T/FSYY 0034—2021	产品碳足迹核算与报告要求　碳酸锂	佛山市高新技术应用研究会
72	T/FSYY 0033—2021	产品碳足迹核算与报告要求　氢氧化锂	佛山市高新技术应用研究会
73	T/FSYY 0032—2021	产品碳足迹核算与报告要求　硫酸镍	佛山市高新技术应用研究会
74	T/FSYY 0031—2021	产品碳足迹核算与报告要求　硫酸钴	佛山市高新技术应用研究会
75	T/FSYY 0028—2021	产品碳足迹核算与报告要求　锂离子电池正极材料　前驱体	佛山市高新技术应用研究会
76	T/FSYY 0027—2021	产品碳足迹核算与报告要求　锂离子电池正极材料	佛山市高新技术应用研究会
77	T/DZJN 77—2022	锂离子电池产品碳足迹评价导则	中国电子节能技术协会
78	T/DZJN 003—2019	电器电子产品碳足迹评价　移动通信手持机	中国电子节能技术协会
79	T/DZJN 002—2019	电器电子产品碳足迹评价　微型计算机	中国电子节能技术协会
80	T/DZJN 001—2019	电器电子产品碳足迹评价　电视机	中国电子节能技术协会

其中主要的发布团体包括深圳市质量检验协会、中国国际经济技术合作促进会、广东省节能减排标准化促进会、中国电子节能技术协会、佛山市高新技术应用研究会、中国工业节能与清洁生产协会等组织，涉及纺织、农产品、食品、电子电器、汽车等多种产品种类。

此外，还有一些标准已立项，正在研制中。例如，北京低碳农业协会“果蔬碳足迹评价指南”，广东省应对技术贸易壁垒协会“新能源电动车碳足迹溯源规范”，山东省建材工业协会“产品碳足迹核算与评价指南　水泥”“产品碳足迹核算与评价指南　玻璃及玻璃纤维”“水泥行业碳足迹核算和认证评价标准”“石膏行业碳足迹核算和认证评价标准”“石灰行业碳足迹核算和认证评价标准”，郑州市轻工业行业协会“面粉加工企业碳排放核算方法和报告要求”。

2.2.3　应用现状

目前，我国已有个别地方、典型企业、第三方机构、行业协会在个别项目和产品上开展碳足迹试点，积极响应国家号召，率先稳妥推进碳达峰、碳中和，开展重点工业产品碳足迹评价工作，提升产品绿色低碳水平和服务供给能力。

2022 年 9 月 30 日，成都市商务局印发《成都市 2022 年度促进外贸高质量发展若干政策措施实施细则》，支持成都市出口企业开展碳足迹核查，对取得碳足迹核查证书或报告的，予以核查、认证及相关服务费用 100%支持，每家企业每年不超过 10 万元。

对获得碳足迹核查证书或报告的商品每新增出口额 100 万元给予奖励 5 万元，单个企业最高不超过 50 万元。2023 年，中国碳足迹开放平台在成都发布，作为全球首个碳足迹开放平台，该平台可以实现碳足迹模型层层追溯和展开分析，为中国产品碳足迹与国际互认提供底层数据库支持。

2022 年 10 月 8 日，深圳市市场监督管理局、深圳市发展和改革委员会、深圳市生态环境局发布了《创建粤港澳大湾区碳足迹标识认证　推动绿色低碳发展的工作方案（2023—2025）》，率先在全国建立碳足迹标识认证体系。该方案提出，到 2025 年年底，建成大湾区碳足迹公共服务平台，完成 100 类产品碳足迹标识认证配套技术文件、排放因子数据集及核算模型，600 个产品碳足迹标识认证示范，实现大湾区碳足迹标识认证与国际接轨互认。

2023 年 2 月 28 日，山东省生态环境厅等四部门联合印发《山东省产品碳足迹评价工作方案（2023—2025 年）》，提出到 2025 年，基本完成 600 家重点企业产品碳足迹核算，初步建立碳足迹核算评价体系、排放因子数据集及核算模型、碳足迹公共服务平台，推动产业结构、生产生活方式绿色低碳转型，初步实现碳足迹标识国内国际互认。青岛崂山区正式启动青岛市碳足迹认证试点工作，积极探索认证认可助力绿色低碳高质量发展的“青岛路径”，勇当建设绿色低碳高质量发展先行区排头兵。

2023 年 4 月，浙江省绍兴市碳达峰碳中和工作领导小组办公室发布《绍兴市纺织产业“碳足迹标识”认证试点实施方案》，这是全国地市级首个纺织产业“碳足迹标识”认证实施方案。该实施方案采用市、区联动的方式，通过标准、检测、认证等手段开展先行先试，帮助纺织印染企业应对国际绿色贸易壁垒，引导消费者选择低碳环保商品，助力实现“双碳”目标，提升我国“碳足迹”工作的国际化水平。

此外，企业、第三方机构、行业协会都有在项目和产品上开展碳足迹试点。

碳峰科技开发了国内首个免费“双碳”核算系统，实现从无到有的碳资产量化以及碳计划可视化数字化发展，致力于“双碳”领域研究和落地实践，核心产品为碳管理智慧云平台、集成能碳双控管理系统、碳足迹核算系统、智慧园区碳管理系统。

度能 AIoT 能碳数智化平台推出全新产品碳足迹管理模块。其涵盖了产品建模、碳排核算、统计分析、数据管理等功能，内部集成了国际通用碳足迹核算标准 ISO 14067 和 PAS 2050，并融入了大量碳排因子参与产品生命周期各阶段碳足迹数据的精准核算与多维分析。

中国质量认证中心（CQC）2016 年向荣邦机械有限公司和登王化学工业有限公司颁发了产品碳足迹证书；中环联合认证中心（CEC）2016 年对全国首款碳减排公益产品“碳减排公益茶”进行认证。

机械设备行业，鹏鹞环保股份有限公司将 PPMI 装配式污水处理厂池体结构与同等规模下传统的钢筋混凝土污水处理厂池体结构的碳足迹进行比较，明确自身碳排放现状，为低碳产品认证、碳排放核查、排污权交易做信息储备；2022 年，海天塑机集团注塑机产品获得“产品碳标签评价证书”。纺织服装行业，2021 年太平鸟发布新疆棉 T 恤碳足迹；2022 年女装玛丝菲尔、歌力思发布产品碳足迹评价报告。

电子电器行业，2021 年 7 月中国电子节能技术协会向 TCL 颁发了国内首张电器产品的碳标签评价证书，采用国内碳足迹标准《电器电子产品碳足迹评价通则》《电器电子产品碳足迹评价　电视机》；2021 年 8 月，江苏博亚照明电器有限公司与江苏开元太阳能照明有限公司拿到了产品碳标签评价证书；美的空调联合中国家用电器研究院、中国标准化研究院共同牵头起草了家电界首份团体标准——《家用电器生命周期评价导则》。基于该导则，并参考国际标准，美的空调选取了一款主销高能效空调器产品作为试点，对其全生命周期各阶段的碳排放量进行量化评价。

2.2.4　小结

通过梳理我国国家、行业、地方和团体各级碳足迹相关标准类别和碳足迹应用实践现状，得出以下结论：

1）我国目前形成了碳足迹标准体系，统一规划。但是就目前已发布的标准内容来看，各级标准之间缺乏统一规划，内容交叉重复，导致在实际应用中容易出现矛盾。

2）在应用方面，如山东、成都、深圳、浙江等地已陆续开始布局碳足迹实施方案，开展碳足迹认证等试点工作，率先开展重点工业产品碳足迹评价工作，提升产品绿色低碳水平和服务供给能力。全国范围内尚未大力推动实际应用的开展。

3）产品碳足迹评价在企业层面的实践主要集中在各行业的头部企业，未起到有效带动作用，产品碳足迹行业覆盖范围较小，影响程度弱。

总体来说，在我国应用碳足迹标准进行碳足迹评价尚未完全展开，碳足迹评价工作仍处于探索状态。

2.3　我国产品碳足迹核算通用技术规则制定思路

2.3.1　PCF 核算步骤

PCF 核算一般采用生命周期评价法，以过程分析为基本出发点，从产品端向源头追溯，连接与产品相关的各个单元过程（包括资源、能源的开采与生产、运输、产品制造等），建立完整的生命周期流程图，再收集流程图中各单元过程的温室气体排放数据，并进行定量的描述，最终将所有温室气体排放统一使用 CO_2 作为当量表征，即碳足迹。核算流程一般分为设定目标及选定产品、绘制流程图、确定边界和优先顺序、数据采集和碳足迹计算 5 个步骤（图 2.1）。

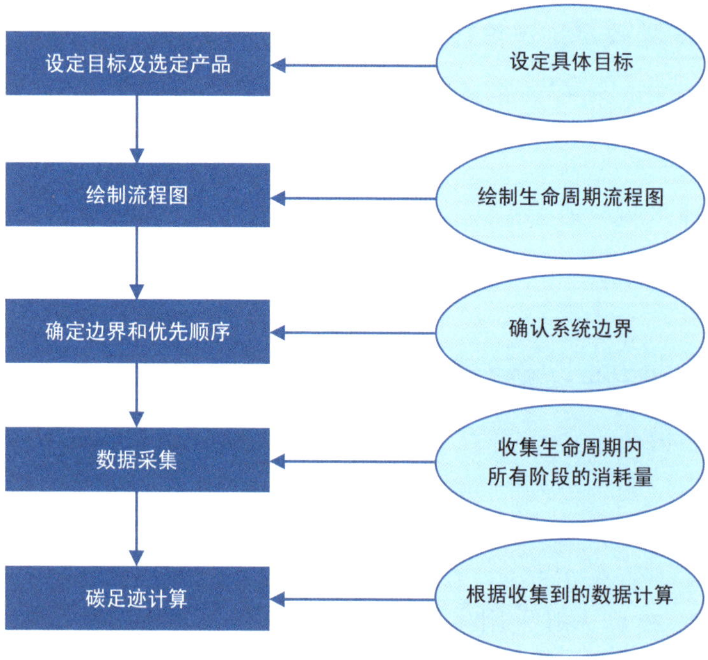

图 2.1 全生命周期碳足迹评估计算流程

产品全生命周期核算阶段包括完全生命周期（“从摇篮到坟墓”），即原材料生产、制造、配送销售、使用到废弃处置 5 个阶段；以及部分生命周期（“从摇篮到大门”），其中仅包括原材料生产、制造、配送销售 3 个阶段。这一步骤需要尽可能将产品在整个生命周期中所涉及的原料、活动和过程全部列出，一般从两个角度确定流程图。一是从商业到商业（B2B）的流程图，包括原材料的开采、产品的制造及分配，不涉及消费环节；二是从商业到消费者（B2C）的流程图，包括原材料的开采、产品的制造、分销、零售、使用、最终处置或再循环等阶段。

确定系统边界是全生命周期评价碳足迹工作的一项重要内

容，产品生命周期中不同阶段的边界设置将对应不同的活动内容和排放量，直接影响产品碳足迹计算结果。同时，重要性原则即设定一个阈值（1%），也是产品碳足迹评价中的一个重要规定。如果在产品的全生命周期中某个排放源的排放量占该产品整个排放量不足 1%，则可认为该排放源重要性不足，其排放量贡献可以排除在碳足迹之外，但所有可以排除的各类排放源对应排放量总量不能超过整个产品碳足迹的 5%。重要性原则的引入在一定程度上能够降低收集数据的成本。

在确定好边界后，需要对产品全生命周期中的每一个环节进行测量。计算碳足迹必须包括：一是产品生命周期中涉及的所有材料和能源（物料输入和输出、能源使用、运输等）；二是排放因子，即单位活动水平数据的温室气体排放量或吸收量。一般情况下应尽量使用密级数据，使研究结果更为准确可信，但某些特定情况下，无法获取初级数据时，应根据数据质量要求，选择次级数据并在评价报告中解释说明数据来源和使用理由。

最后，根据收集到的数据进行产品碳足迹的核算，按照以下公式计算：

$$E=\sum P\cdot Q$$

$$F=\sum E\cdot \mathrm{GWP}$$

式中，E —— 温室气体排放量；

F —— 碳足迹；

P —— 活动水平数据；

Q —— 排放因子；

GWP —— 全球变暖潜能值。

完成计算后，需要检验碳足迹计算结果的准确性，并使不确定达到最小化以提高碳足迹评价的可信度。提高结果准确度的途径有以下几种：用初级活动水平数据代替次级数据；采用准确合理的次级数据；改进碳足迹计算模型，计算过程更加符合现实并细致化；请专家审视和评价。

2.3.2 PCF 核算要求

PCF 采用生命周期评价法进行计算的各环节评价要求如下。

（1）目标和范围

开展 PCF 研究的总体目标是，根据本节计算规范，通过量化产品生命周期或选定过程中的所有重要温室气体排放和清除量，计算产品对全球变暖的潜在贡献，用二氧化碳当量表示。

PCF 计算包括产品体系中每种温室气体的排放量和移除量的总和，必要时应用分配规则计算。纳入核算的温室气体包括二氧化碳（CO_2）、甲烷（CH_4）、氧化亚氮（N_2O）、氢氟碳化物（HFCs）、全氟化碳（PFCs）、六氟化硫（SF_6）。温室气体排放应汇总为二氧化碳当量，不应分开计算各种气体。

（2）系统边界

系统边界包含“从摇篮到大门”和“从摇篮到坟墓”的 PCF。前者包括整个开采提取、生产和运输过程，直到产品离开工厂大门。一般来说，产品使用和到时报废阶段的下游排放不包括在“从摇篮到大门”的 PCF 计算中，如图 2.2 所示。其中，产品运输到客户的部分归入“从摇篮到大门”的 PCF 计算。

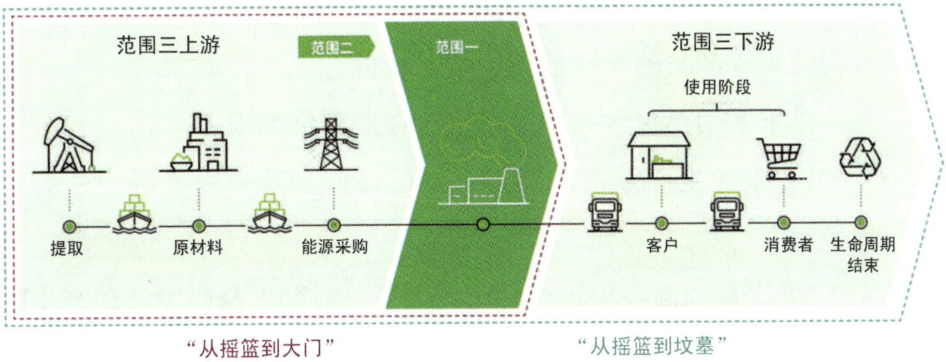

图 2.2　系统边界定义

以下活动必须包含在产品的碳足迹计算中：

1）原材料（固体、液体和气体，如铁、石油和天然气）开采或提炼所产生的碳排放。

2）能源消耗产生的排放，包括在能源消费点上产生的排放，以及能源供应所产生的排放，包括发电、产热和水蒸气，以及运输燃料产生的排放；上游排放（如燃油开采并运输到发电厂或其他燃烧厂）；下游排放（如核电厂运行所产生的废弃物处理）；以及用作燃料的生物质的种植与加工。

3）设施运行所产生的碳排放，包括工厂、仓库等产生的排放。其中运行包括对场所的照明、加热、冷却、通风、湿度控制和其他环境控制等。

4）采用公路、铁路、水路、航空和管道等运输方式所产生的碳排放。

5）最终处置阶段产生的碳排放，如填埋、焚烧、污水以及废弃物处置等产生的碳排放也应纳入评价。

以下活动不包含在产品全生命周期评价范围内：

1）制造生产设备、建筑、基础设施和基建物资等产生的碳排放。

2）人员的商务出行、员工的上下班通勤以及研发活动产生的碳排放。

3）提供运输服务的牲畜等。

（3）PCF 功能单位

PCF 研究必须明确规定所研究系统的功能单位。功能单位必须与 PCF 研究的目标和范围一致。功能单位主要目的是为输入和输出计算提供参考。因此，功能单位必须明确定义并可测量。例如，功能单位通常指产品的物理量，如“1 kg 含水 30%的洗衣液”。计算产品系统的碳足迹时，功能单位为出厂时的 1 kg 无包装产品，由于按照具体密度计算，产品可以是任何状态（固体、液体、气体）。如果包装流程纳入计算，功能单位为出厂时的 1 kg 已包装产品。

任何情况下，都必须提供功能单位的明确定义，作为计算 PCF 的基础。计算必须基于功能单位。

（4）时间边界

PCF 的时间边界指的是 PCF 具有代表性的时间段。以下时间边界适用于不同类型的数据：

计算 PCF 时使用的原始数据必须尽可能新，且不超过 5 年。如果使用有代表性的平均生产年份，以最近的全年（报告年或日历年）作为计算 PCF 的时间界限。对于不连续或不规则的生产年份，产品数据可以以较长的时间段为基础进行平均，减少由于整改、大修以及其他非典型生产状况造成的变化。在 PCF 计算中应用平均产品数据时，不得将超过过去三年（报告年或日历年）的生产数据进行平均并用于 PCF 计算。

1）用于所有输入和输出的次级数据应反映最新的活动数据和/或最新的 LCI。在计算 PCF 时使用的 LCI 数据（如来自数据库的数据）必须尽可能新，且不得超过 10 年。如果时间较长，应使用适当的、较新的替代数据。数据质量等级受到数据选择的影响。

2）应定期计算 PCF，来跟踪长期的改进状态。如果产品生产过程没有重大变化（与最初的 PCF 相比变化超过 20%），PCF 的最长有效期必须从数据收集的参考年份开始计算，最高为 5 年。5 年之后或产品生产过程变化较大，PCF 值不再具有代表性，必须重新计算。如果 5 年后没有变化，PCF 值也可以发表声明更新。PCF 修订之后，新版本将取代原来的 PCF，并在 5 年内有效。

3）计算 PCF 的时间边界称为基准年，披露 PCF 时需将其基准年一并公开。

（5）取舍准则

1）所有累计总量超过单元过程 95%总质量输入的物料输入都必须纳入计算。建议涵盖 98%以上的物料输入，用于避免潜在不确定性，并且提高完整度。

2）所有累计总量超过单元过程 95%总能源输入的能源输入都必须纳入计算。如需通过提高计算的完整性，获得质量更高的 PCF，总能源输入的 98%及以上应纳入计算。

3）上游环境足迹较高的输入材料流（如贵金属、含有铂类金属的催化剂），应考虑纳入 PCF 计算，无论其对材料流总质量的相对贡献如何，即使输入质量≤总质量的 1%。PCF 计算应至少考虑材料的损失（如催化剂损失）并指定一个与原生材料相等的 PCF 值。如果数据已知，还应考虑回收工作。否则，可以使用其他工艺中已知的工作数据替代。

4）其他用于确定系统边界时的要求应考虑在内。

（6）数据类型和数据来源

1）原始数据。通过直接测量或基于直接测量值计算得到的过程或活动的量化值。从企业拥有或控制的所有工艺中收集。如果符合定义，直接排放数据、排放因子和工艺活动数据都可以归为原始数据。

2）现场特定数据。在产品体系中获得的主要数据指从一个或多个工艺（工艺特定数据）、一个或多个设施（设施或工厂的特定数据）以及一个或多个生产场地（场地数据）直接测量或收集的数据，这种数据用于代表企业的活动。为了确定数据在多大程度上具有代表性，可以采用抽样程序。

3）次级数据。不符合原始数据要求的数据，即非直接收集、测量或根据企业现有具体产品数据计算的数据。次级数据包括：

- 供应商和技术的具体数据，它们应是工厂/场地层面的详细数据，来自市场报告或专利、行业平均数据，或者文献研究，可以作为 PCF 计算中重要而合理的数据来源。
- 行业平均数据，基于文献研究的估计值、行业协会公布的生产数据、正度统计数据、文献研究、工程研究和专利，也可能基于财务数据以及由外部专家评估产生的代用数据。此外，还可以来自第三方 LCI 数据库、开放资料、PCF 计算等。
- 次级数据可以被独立审查，从而提高数据质量评级得分。只有收集的原始数据不可行，或用于不重要的过程，或由于各种原因次级数据比原始数据质量更高或更合适的情况下，次级数据才能用于输入和输出（如特定产品的关联数据）。

4）代用数据。代用数据是来自类似工艺的数据，作为特定工艺的代替数据使用。可以通过推定、放大或者自定义代用数据，使其代表给定的工艺。如果有足够的信息，企业可以自定义代用数据，以便更好地近似描述在产品生命周期中所研究过程的条件。在没有产品清单的情况下，识别关键的输入、输出以及其他指标应当基于相关产品清单或其他考虑（如与利益相关方顾问的讨论）。

代用数据范例包括：

- 当具体塑料输入参数（如聚丙烯）的数据不详时，根据具体评估、所分析的工艺和对整个 PCF 的贡献，使用聚乙烯数据作为聚丙烯的代用数据。
- 将一个地区的电网排放因子用于另一个发电方式比重不同的地区。
- 自定义另一种产品的流程，与所分析流程相匹配，如调整材料消耗量以匹配所分析产品的类似流程。

5）估算数据。当企业无法收集原始数据或整合有意义的次级数据或代用数据，以填补数据缺口时，企业必须估算缺失的数据，确定其对 PCF 结果的影响重要性。如果根据估算数据确定过程影响不大，则可将该过程从清单结果中排除（取舍标准）。如果数据缺口较大，且无法通过本章定义的其他类型的数据来弥补，则应提供估算数据的说明。应在详细考虑数据缺口的所有已知情况之后进行估算，生成相应的估算数据。在更新 PCF 时，应尽快用原始或次级数据取代估算数据。为协助数据质量评估，详细列出在填补数据缺口时作出的所有假设，以及对产品清单结果的预期影响。

（7）排放因子要求及来源

排放因子是单位活动数据的温室气体排放量，排放因子与活动数据相乘得出该活动数据对应的温室气体排放量。排放因子可能涵盖一种类型的温室气体（如甲烷），或以二氧化碳当量为单位的多种气体。排放因子可以仅包括产品生命周期中的单个过程，也可以是多个过程的总和。用于描述产品所有应计入的上游过程的生命周期排放因子通常称为“从摇篮到大门”的排放因子。企业应了解清单中的排放因子包括哪些过程，以确保数据收集涵盖了产品生命周期内的所有过程。

排放因子因来源不同，分为原始排放因子和次级排放因子。

原始排放因子是根据企业控制的过程或供应商控制的过程原始活动数据计算的排放因子。

次级排放因子的来源包括 LCA 数据库、公布的产品清单报告、政府机构或行业协会。次级或默认排放因子基于二次活动。次级数据的来源必须在报告中注明。

排放因子必须始终包括所有温室气体，并且是“从摇篮到大门”的排放因子，包括产品所有应计入的上游过程的排放。

在选择排放因子时，必须按照如图 2.3 所示的优先层级执行。

（8）分配规则

1）一般分配规则。

- 如果可能，应通过将单元过程分成两个或多个子过程并收集与这些子过程相关的输入和输出来避免分配。
- 如果无法避免分配，则分配应基于归因原则，系统的输入和输出应在其不同产品或功能之间进行划分，以反映它们之间潜在的物理关系，即它们应该反映输入和输出因系统提供的产品或功能的数量变化而改变的方式。

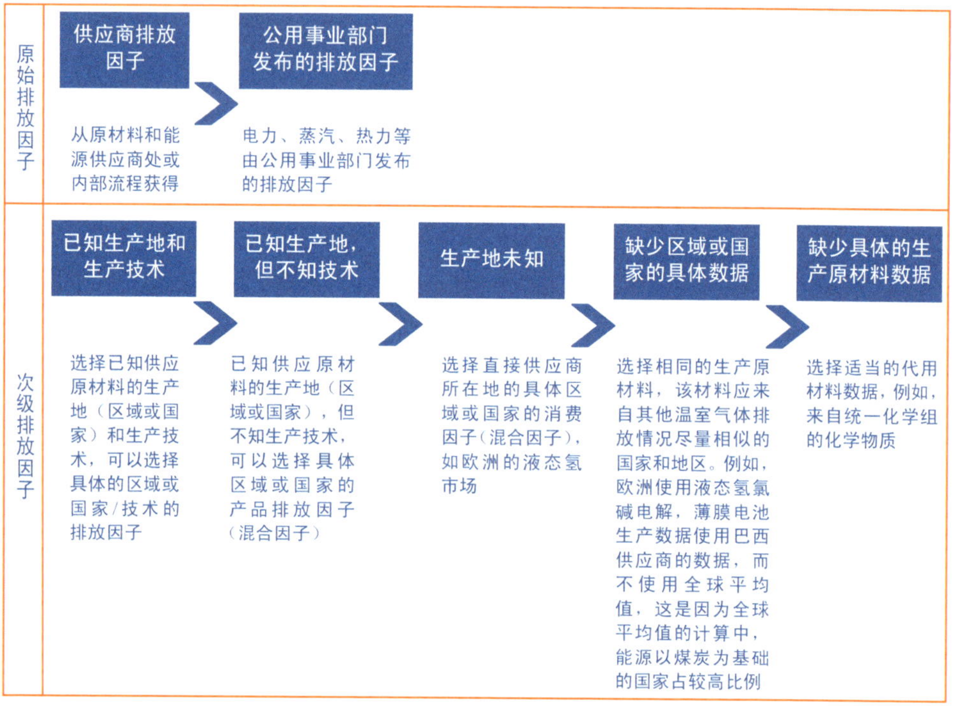

图 2.3　排放因子选择的优先级

- 如果不能单独建立物理关系或将其用作分配的基础（或过于耗时），则应在产品和功能之间划分输入以反映其他关系。例如，输入和输出数据可以按照产品的经济价值在副产品之间进行划分。

2）副产品分配规则。副产品的分配应遵循以下规则：

- 应遵循物理规律，在各副产品之间分配各种输入和输出流；
- 如果无法定义物理规律，则分配应基于经济价值。

3）多功能产品分配规则。如果产品具有多功能性，则应将环境影响分配到其主要用途和功能，而忽略其他功能。

4）再利用、回收和复原过程的分配规则。除非有额外要求，否则回收和回收过程应采用污染者付费（PPP）的分配方法，产品仅考虑废物运输到处理厂的影响。当运输距离不可知时，应进行合理估算并结合敏感分析。

2.3.3 小结

我国 PCF 核算规则主要依据全生命周期评价的方法。PCF 核算流程包括设定目标及选定产品、绘制流程图、确定边界和优先顺序、数据采集和碳足迹计算 5 个步骤。PCF 核算对目标和范围、系统边界、PCF 功能单位、时间边界、取舍准则、数据类型和数据来源、排放因子要求及来源、分配规则等方面作出了具体明确的要求。精准的碳核算是实现“双碳”最基础的工作，开展重点 PCF 核算规则和标准制定工作将填补我国碳足迹核算体系的空白，同时对重点产品、重点企业的低碳可持续发展具有重要意义，也是践行“双碳”目标的重要路径。

第3章

生命周期评价理论与应用

3.1　生命周期评价概述

3.1.1　LCA 的发展历程

早在 1969 年，美国可口可乐公司应用生命周期评价方法对饮料容器的资源消耗和环境影响进行了理论分析。该公司在分析是否需要用一次性塑料瓶来取代可重复回收利用的玻璃瓶时，详细对比了两种方案的环境友好情况，发现使用一次性塑料瓶更好。类似地，公司还用同样的方法分析铝制饮料罐替代原来的钢制饮料罐的可行性，这是 LCA 理论的第一次实际应用。

1990 年 8 月，“生命周期评价”的概念被正式提出。其后几年，国际环境毒理学与化学学会（SETAC）组织了若干场讨论会，并于 1993 年根据在葡萄牙召开的一次学术会议的研讨结论，出版《生命周期评价纲要》，为生命周期评价方法提供了一个基本技术框架，这是生命周期评价方法论研究起步的一个里程碑。同时，经过多年的实践，ISO 制定和发布了关于生命周期评价的 ISO 14000 系列标准，并于 1997 年颁布其评价原则与框架的标准 ISO 14040，之后颁布了生命周期评价目的与范围和清单分析 ISO 14041、生命周期影响评价 ISO 14042、生命周期解释 ISO 14043。至此，生命周期评价成为未来企业在可持续经营与环境保护评价上的重要工具。目前，最新版的 ISO 14040 系列标准将前面所述的 4 类标准合并修订为 ISO 14040:2006 和 ISO 14044:

2006，我国将这两个标准等同转化成了国家标准 GB/T 24040—2008 和 GB/T 24044—2008。

国际上其他主要的 LCA 标准包括欧洲环境署（EEA）1998 年颁布的《生命周期评价：方法、实践和信息来源指南》（Life cycle assessment：A guide to approaches，experiences，and information sources）和美国国家环保局 2006 年颁布的《生命周期评价：原则与实践》［Life cycle assessment：Principles and practice（EPA/600/R-06/060）］等。

2002 年，联合国环境规划署联合 SETAC 发起了进一步推动 LCA 全球化的倡议书。2005 年，欧盟专门成立了 LCA 研究平台。

欧洲生命周期评价开发促进会擅长与其他组织机构进行合作，包括欧洲数据质量小组、科学和技术数据委员会、环境生命周期清单数据工作组和 ISO/TC207/SC5 数据格式小组等。

3.1.2 LCA 评价方法

ISO 14000 系列标准对于完整的生命周期评估框架包含以下 4 个部分：目的和范围的确定；生命周期清单分析（life cycle inventory analysis，LCI）；生命周期影响评价（LCIA）；生命周期解释（life cycle interpretation）。图 3.1 展现了 LCA 的框架和主要的研究方法。

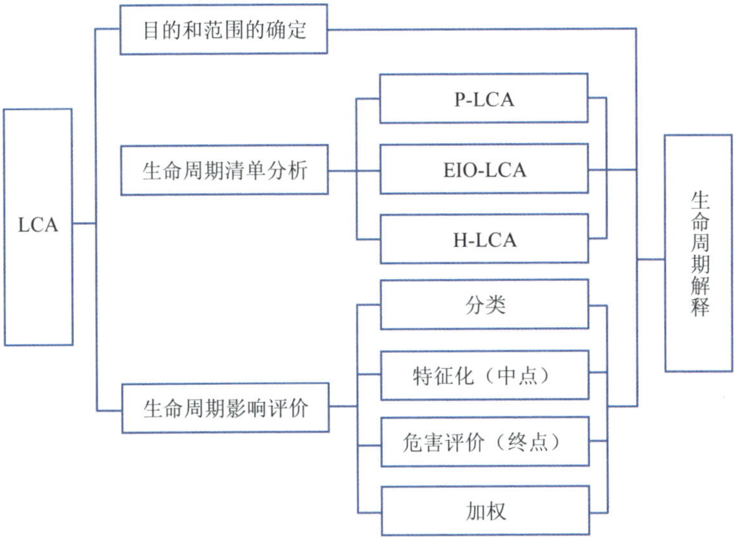

图 3.1　LCA 框架与研究方法

在 ISO 14000 系列标准中，最重要的就是 ISO 14040 和 ISO 14044 这两个标准，它们构成了 LCA 环境影响的基本框架，虽然没有特别指出适用于特定的 GHG 排放，但包括了对空气的排放影响。

其中 ISO 14040 包括了 7 个章节和 1 个附录，并给出 46 个术语，对生命周期评价的原则、阶段、主要特征、总体概念、方法学框架、生命周期清单分析、生命周期影响评价、报告、鉴定性评审作出了规定，是对 LCA 最早的标准规定。

ISO 14044 则对生命周期评价的方法学框架、报告和鉴定性评审提出了要求和指南，对前者进行了有力的补充。

（1）目的和范围的确定

需要确定的内容包括目的、系统边界、评价范围、功能单位以及数据的输入和输出。

该阶段主要是明确 LCA 的研究目的与研究对象，即为什么提出做 LCA，要解决什么问题，LCA 结果给谁用，用于何处，要支持哪个决策者及其要解决的问题。

LCA 目标与范围的确定需要从两个维度进行考虑，即全生命周期的过程（系统边界的选择）和自然资源影响类型（LCIA 指标的选择）。

LCA 系统边界的选择一般为“摇篮到坟墓”或者“摇篮到大门”，前者适用于研究对象为终端产品的情形，如汽车、手机、桌子等，后者适用于研究对象为中间产品的情形，如电解铝、塑料等。

LCA 的自然资源影响类型包括资源类、气候变化类、大气环境类、水体及土壤毒性类等指标，目前常见的主要是产品碳足迹的 LCA 研究。

（2）生命周期清单分析

在确定了 LCA 的研究目的与研究对象后，该阶段进行建模并进行单元过程的数据收集、数据审定、数据关联到单元过程等。单元过程是进行生命周期清单分析时为量化输入和输出数据而确定的最基本部分，在确定单元过程时，原则上应该包括“产品名称+生产技术名称+原料名称”。

单元过程数据集采集一般包括 6 种数据类型：

- 单元过程的产品和副产品（有价值的产出包括非实物产出，即服务）；
- 单元过程的自然资源消耗（煤炭、石油、天然气、森林、地下水等，无须追溯）；
- 原辅料等物料消耗数据（自来水、中水等经过人工处理的，不仅要知道其消耗量，原则上还需继续向前追溯到自然资源）；
- 能源消耗数据（二次能源）；
- 环境排放（包括温室气体排放，直接排放到自然环境，只需要知道数量，无须追溯）；
- 待处置废弃物（废水、废弃物、危险废物等，原则上要向后追溯处置过程）。

一般认为有 3 种方法：P-LCA、EIO-LCA、H-LCA。

ISO 推荐的第一种 LCI 方法被称为“基于过程的 LCA”（Process-based LCA，P-LCA）。这种方法的优点是具有比较好的数据完整性，因为清单构建通常采用实地收集统计数据、现场监测或文献查阅等途径来进行，但是这种方法需要大量的基础数据做支撑，在国内还缺乏完善的国内生命周期数据库体系，这样会导致生命周期工作量特别大。在数据的来源、质量和时效性都难以保证的情况下，会造成数据不准确、误差或偏差。

另外，为了提高可操作性，LCA 系统边界的划定存在很大的主观性，在大多数清单分析中都仅考虑了主要生产过程、主要资源消耗和主要投入，而忽略了一些看似次要的过程、资源或投入，这也会影响结果的客观性和可靠性。

因此，用 LCA 来估算碳足迹重要的问题是如何界定合理的系统边界，将截断误差降到最低。如果将 LCA 用于估算国家/区域、组织/企业或产业部门等实体的碳足迹，会遇到困难，估算过程中需要假设某个单个产品能够代表整个产品群的碳足迹，即使能通过生命周期数据库的信息进行推算得到实体的碳足迹估算值，得到的也是一个拼凑的结果，而且需要使用不同数据库的信息，不同数据库数据信息口径通常不一致。

第二种 LCI 方法是“投入-产出 LCA”（Economic Input–Output LCA，EIO-LCA）。投入-产出表由美国经济学家 Wassily Leontief 在 1937 年研究并创立，最早用于经济统计分析。EIO-LCA 方法是以经济投入-产出表为基础的生命周期评价方法，这种方法与 P-LCA 的区别如表 3.1 所示。

将 P-LCA 和 EIO-LCA 组合起来形成一种新的 LCA 方法可以更好地取长补短，这种方法叫作“复合型 LCA”（hybrid LCA，H-LCA）。较有影响力的方法有层次化（tiered）H-LCA、集成化（integrated）H-LCA 和基于投入产出（IO based）的 IO-HLCA 等。

层次化 H-LCA 的基本思想是对过程数据较为清楚的过程采用 P-LCA 直接进行计算，而生产过程中未知的投入则采用 EIO-LCA 计算。

集成化 H-LCA 的初始模型是 EIO-LCA 模型或过程分析模型，但该模型对数据要求很高、操作比较费时、计算复杂，应用较少。

表 3.1　P-LCA 和 EIO-LCA 的对比

方法	特点	缺点
P-LCA	1. 对具体流程详细分析； 2. 可以进行产品间对比； 3. 可以发现流程中的问题以便改进	1. 系统边界选择主观性强； 2. 间接投入被忽略； 3. 数据获取成本高； 4. 时效性难以保证； 5. 单一产品的数据不能代表全行业的情况； 6. 存在不确定性
EIO-LCA	1. 采用从上至下的建模方式，以整个国民经济作为系统边界，包含了产品的整个上游阶段，避免了截断误差； 2. 包含了生产资料和间接成本； 3. 数据来自权威统计机构，适用于宏观分析； 4. 可用于比较不同部门的同类产品，不适用于比较同一部门内的不同产品以及全新的产品； 5. 数据获取时间短，成本低； 6. 结果可验证	1. 仅能反映行业的平均水平，不能反映特定产品水平； 2. 不能反映流程改进后的情况； 3. 无法区别能源结构； 4. 无法顾及成品或半成品在国外加工能源的情况； 5. 间接的影响因素过多，如价格波动等经济因素造成数据误差，精确性差； 6. 没有包含产品废弃后的处理情况； 7. 不能将产品的环境影响与其生产工艺过程加以匹配，很难清晰解释清单分析结果； 8. 存在不确定性

IO-HLCA 方法的基本思想是先构建 IO-LCA 模型，计算出初始值，然后采用路径分解的方法，找出环境影响形成的路径，然后将投入产出的数据替换为更可靠的过程数据。

（3）生命周期影响评价

经过 LCI 阶段建立完整 LCA 模型后，LCA 软件会把所有过程的数据集累加在一起，得到生命周期清单结果，该结果包含上千种清单物质。生命周期影响评价阶段就是在 LCI 结果的基础上进行合并，使其成为常见的资源环境影响类型指标。

如前所述，LCA 的自然资源影响类型包括资源类（如矿物、能源）、气候变化类（如碳足迹）、大气环境类（如酸化、臭氧层消耗）、水体（如淡水）及土壤毒性类（如人体健康）等指标。

在 LCA 研究的第三步环境影响评价中，需要确定环境影响类型，选择合适的方法对评价对象量化其环境负荷。根据影响类型的不同，生命周期影响评价方法主要分为两大类：中点（mid-points）影响评价法和终点（end-points）影响评价法。

LCA 特征化因子同样可以分为两类：一类是中点特征化因子，另一类是终点特征化因子。

很多中点特征化因子通常是基于基本的物质性质得到特征化因子。例如，CML 方法中的酸化因子 AP 是基于酸性气体理论上能够电离出的 H 离子数量，富营养化因子 EP 是基于氮、磷元素含量等。

大多数终点特征化因子通常是基于更复杂的环境特征化模型得到的，通常包含污染物质寿命模型（fate）、在环境中的传输模型（transport）、对人体或生态环境的暴露模型（exposure）以及对人体或生态环境的影响和损害模型（damage）。由此得到的特征化因子必然包含不同地区的环境背景条件（如大气、水体、土壤、生态系统条件），试图反映各种环境排放可能造成的潜在损害，从而将其汇总在一起。但得到终点特征化因子的模型非常复杂，需要大量的环境背景数据支持，目前在我国的研究还比较少。

（4）生命周期解释

在经过前面 3 个步骤后，生命周期解释主要是对方案重点、数据收集、工作流程等提出改进建议。这个过程包括完整性检验、敏感性检验、一致性检验等。

完整性检验首先要明确取舍标准的定义和关联性，其次要进行生命周期清单阶段完整性检验，之后进行生命周期影响评价阶段的完整性检验，最后进行完整性检验的迭代。

完整性检验旨在保证 LCA 结果能解释所需要的数据与资料的完整性。在特定资料缺失或判断不够全面的情况下，有必要对生命周期研究中目标与范围的界定进行再研究，从而决定是否有必要修正初始目标与范围的定义。

敏感性检验旨在分析前两阶段实施结果的灵敏度与不确定性。敏感性检验首先对输入数据和模型选择的敏感性分析，其次进行不确定性分析和差异分析，再次进行盈亏平衡分析，最后进行情景分析。涉及 LCA 研究的分配方法、边界条件、数据设置，影响类别选取，影响量化过程、权重分析和数据质量。敏感性检查结果评估生命周期评价是否可信。在分析中评价在一定范围内改变假设条件和数据对结果的影响，比较相应的结果，灵敏度可以用变化的百分比或结果的绝对偏差来表示。一般情况下，10% 以上结果变化视为显著。

一致性检验旨在评价 LCA 研究所使用的方法、步骤、数据、假设等是否一致地运用于全生命周期评价。有必要着重审查已适用内容与原来界定内容是否有出入。一致性检查主要集中在以下几个方面，即地区和时间上的差别是否被应用一致；分配规则与系统边界在所有产品系统中的适用情况是否相同；生命周期影响评估中的特征因素、分配方法等因素是否被统一使用；在全生命周期评估研究时，范围界定下数据的质量是否统一；是否统一使用了加权的方法与要素。

3.2 国内外碳足迹数据库现状

3.2.1 主流生命周期数据库现状

目前主流的 LCA 数据库包括德国开发的 Gabi 数据库、瑞士开发的 ecoinvent 数据库、美国开发的 USLCI 数据库以及欧盟开发的 ELCD 数据库。这些数据库主要关注欧洲和美国的背景数据，对于我国的产业情况的评价质量并不高，可能导致不能准确反映我国可再生能源的全生命周期的生态环境影响。但由于其描述的单元过程种类丰富，也有一些国内研究在难以获取本土化数据的情况下使用这些数据。我国在 2000 年之后开始建立自己的 LCA 清单数据库，其中数据质量较好的是四川大学和亿科环境科技有限公司（以下简称亿科环境）开发的中国生命周期基础数据库（CLCD）。该数据库包含 600 多种单元过程，但主要侧重于产品，上游数据和模型较少。

经调研，将目前的生命周期评价数据库整理如表 3.2 所示。

表 3.2　生命周期评价数据库汇总

名称	类别	涵盖的国家/地区	补充
Boustead 数据库	燃料、电力、基础设施基本材料的数据模块以及单个、组合工艺和完整产品的数据	美国、欧洲、日本、中国	经常更新，用户可以自建数据库，运算过程不够透明化
BUWAL 250	包装材料的生产、运输、销售和处置数据	瑞士	—
CLCD	国内 600 多个大宗的能源、原材料、运输的简单数据集	中国	—
ecoinvent	煤、油、天然气、核能、水能、木材、太阳能、地热能、光电能等能源以及 500 多种工艺	瑞士	数据反映了瑞士平均水平
ECO-it	生产、运输、能源使用和废物处理过程；常用材料（如金属、塑料、纸、平板玻璃等）的 100 个基本参数	—	—
EcoManager	材料、能源、废弃物和运输的清单数据	美国	—
Euklid	产品、能源和服务数据；运输数据；文献数据；数据来源	欧洲、巴西、澳大利亚、美国	—
Lcad	燃料生产和销售，能源生产，以及木材产品、纸业、金属、水泥及基本的化学品和塑料	美国	对每一个数据条目，数据分析专家详细地记录了数据的日期、数据的自然属性状态，产生方法，主要数据回顾，地理覆盖，时间边界

名称	类别	国家	补充
Weston Model	产品流程、原料开采	—	运算过程透明
中国产品全生命周期温室气体排放系数库	能源产品、工业产品、生活产品、交通服务、废弃物处理和碳汇	中国	包括产品上游排放、下游排放、排放环节、温室气体占比、数据时间、不确定性、参考文献/数据来源等
天工数据库	涵盖我国 55 个行业	中国	开放、开源、共享、透明、可追溯

（1）Boustead 数据库

Boustead 数据库包括能源、燃料生产和运输的数据模块以及单个、组合工艺和完整产品的数据。数据库含有美国、欧洲、日本、中国等超过 3 000 个单元操作的信息。每个工艺约有 24 个排放物类别。燃料生产和使用的数据代表了各国的实际情况。清单分析基于单元过程输入/输出理论，通过顶端输入表和自动搜索建立单元过程输入/输出链接网络。

Boustead 数据库在设计上并不对各种环境系统的输入/输出做任何的价值判断，例如空气中二氧化硫的排放如何与废水中 BOD 的排放比较，不在该数据库中讨论，也不进行生命周期评价。Boustead 数据库着重于生命周期清单客观量化的数字，作为后续研究（或设计人员）判断之用。Boustead 数据库的原理建立在任何工业活动皆可简化为一个理想系统的基本观念上，在系统界限外的部分称为环境（environment）。每个工业系统可分成若干子系统，每个子系统又可再分为更小的系统，最小的系统可称为操作（operation）。每个大小系统都可以拥有其独立的特性，有原料及能源的输入，都可有产品输出，成为另一个系统的原料输入。也会相对地产出废弃物、空气污染、水污染、废热等环境影响因子输出。此基本原理的运用，可充分将各类复杂的流程简化成许多单元过程（unit operation）。Boustead 数据库最重要的部分是其经常更新的数据库，它储存了各种工业制程的生命周期清单数据，包含燃料、电力、基础设施、基本材料及其他热门生命周期评估主题，如纸、饮料容器等，若数据质量可用性强，则可以节省大量人力、物力去收集数据。Boustead 数据库就可以提供其玻璃、金属等基本材料的清单数据，做初步的探讨与比较。另外，该数据库也可以随着用户的研究进展自建数据库，与原有的核心数据库做连接，充分发挥其功能。Boustead 数据库在程序中有预留空间，可供新流程或地区性流程在加入时充实数据库，其特色是以数据库为中心，数据计算为辅，其优点在于数据库逻辑清楚，数据内容丰富且可累积，缺点在于运算过程仍不够透明化及数据来源不够清楚。

（2）BUWAL 250

BUWAL 250 包括材料（铝、玻璃、塑料、纸、纸板、纸箱、马口铁）的生产、运输、销售和处置数据，由瑞士联邦环境局和瑞士包装协会发布。

（3）CLCD

中国生命周期基础数据库（CLCD）最初由四川大学创建，之后由亿科环境持续开发，是一个基于中国基础工业系统生命周期核心模型的行业平均数据库，目标是代表中国生产技术及市场平均水平。2009 年，CLCD 研究被 UNEP 和 SETAC 授予生命周期研究奖。CLCD 成为国内唯一入选 WRI/WBCSDGHG Protocal 的第三方数据库，也是首批受邀加入欧盟数据库网络（ILCD）的数据库，是国内外 LCA 研究者广泛使用的中国本地生命周期基础数据库。通过亿科环境的进一步开发，如今的 CLCD 包括国内 600 多个大宗能源、原材料、运输的清单数据集。CLCD 建立了统一的中国基础工业系统生命周期模型，避免了数据收集工作和模型上的不一致，从而保证了数据库的质量。尤其是提出了量化的数据质量评估指标，为数据收集、案例研究、产品认证等提供了数据质量判断依据和控制方法。CLCD 支持完整的 LCA 分析和节能减排评价指标，包含中国本地化的资源特征化因子、归一化基准值节能减排权重因子等参数。

（4）ecoinvent

ecoinvent 包括能源系统以及能源产品从“摇篮到坟墓”的 LCA 编目数据分析，包括煤、油、天然气、核能、水能、木材、太阳能、地热能、光电能等能源以及 500 多种工艺。数据反映了瑞士平均水平。

（5）ECO-it

ECO-it 是 LCI 和 LCIA 辅助数据库，不但包含了生产、运输、能源使用和废物处理过程，还包括常用材料（如金属、塑料、纸、平板玻璃等）的 100 个基本参数。

（6）EcoManager

EcoManager 是内置了美国材料、能源、废弃物和运输的清单数据，用于内部规划、扫描及评估的 LCI 工具。所有程序基于 Microsoft Excel 开发，用户可在其引导下建立 LCI，从数据库获取信息，编辑图表等。

（7）Euklid

Euklid 数据库包含：

1）产品、能源和服务数据：从原材料和基本材料产品直到废物处置（材料特性、收集/运输、分类、处置/利用、掩埋、燃烧）、能源供给（电能/热能/机械，公开数据，独自来源于不同国家和特定地区）。

2）运输数据：不同载重量的卡车，对于长或短距离的运输，不同的机动车用于收集和运输废物及残渣，在城市内部和城市间的运输，火车（平均值，电力驱动，燃油驱动）；船运（内陆运输/海洋运输）；管道运输数据。收集于 1990—1997 年。

3）文献数据：对每一个模型都含有输入与输出物质指标数量，文献记载的数据来源及数据质量（测量方法、平均技术水平、估计）都在数据库中有详细的内容介绍，主要包括技术水平的地理位置及时间有效范围，每个模型相对于目前形势（固体平衡、能量平衡、完整性和方法的持久性）来讲都是有效的。

4）数据来源：主要来源于目前工业的数据收集，部分来自文献。数据的相对范围从通常到混合集［西欧；欧洲发输电联盟（UCPTE）；北欧地区，包括挪威、瑞典、丹麦、冰岛］和单一数据集（尤其是德国，巴西的部分数据，苏兰，法国，荷兰，澳大利亚，瑞士，美国）到特定的电子数据格式。

（8）Lcad

Lcad 是美国日用品数据库，包括燃料生产和销售，能源生产，木材产品、纸业、金属、水泥及基本的化学品和塑料从“摇篮到坟墓”的相关数据。对每一个数据条目，数据分析专家详细地记录了数据的日期、数据的自然属性状态（用于分析的原始数据与收集的用于其他目的间接数据相对比），产生的方法（如实际测量数据与工程手册计算数据相对比），以及主要数据的回顾（如项目组与外来访问团相对比）。同样，记录了数据的地理覆盖信息（如地区分析与国家平均水平及最好的实验条件相对比），数据的时间范围（如历史分析与趋向分析相对比）和技术水平（如概念上的与发展水平上的及大规模商业上的相对比）。

（9）Weston Model

Weston Model 也是应用比较广泛的一个 LCA 数据库。Weston Model 的生命周期清单数据库将系统分为三级：第一级为工业系统，为主产品的总流程；第二级再分为子系统；第三级则追溯至原料的开采形成完整的生命周期生产流程。这个数据库与 Boustead 数据库最大的不同是系统固定分为三级，至第三级已追溯至原物料的开采，而 Boustead 几乎没有限制系统如何追溯及分级。Weston Model 的运算过程十分透明化，采用电子表格数据库，任何的计算式都可在表上看到，有任何错误只要能仔细在电子表格中寻找就可找到。但这在使用过程十分复杂，一点输入错误（数据及公式）就可能让整个计算的结果发生严重偏差。该数据库没有累积数据库功能，但能将结果以易读的图表方式表现出来，对结果的判断及对设计或决策人员的直接帮助较大。在集合水平上，联合了质量指标和单一指标，按照用户的需求以快速识别区域变化的数据性质。集成数据质量提供数据输入形式和报告输出形式。该数据库还能够提供数据的所有者信息与参考来源。

（10）中国产品全生命周期温室气体排放系数库

中国产品全生命周期温室气体排放系数集主要基于 ISO 14067：2018 的基本原则和方法，确定产品全生命周期温室气体排放，包括原材料获取、生产、使用和废弃的整个生命周期（“从摇篮到坟墓”）。为了方便使用，将单位产品全生命周期排放分为上游排放、下游排放和废弃物处理排放。中国产品全生命周期温室气体排放系数集建设是基于公开文献的收集、整理、分析、评估和再计算，共有六大专题，包括能源产品（172 条）、工业产品（378 条）、生活产品（361 条）、交通服务（44 条）、废弃物处理（60 条）和碳汇（66 条），共计 1 081 条。数据集包括产品上游排放、下游排放、排放环节、温室气体占比、数据时间、不确定性、参考文献/数据来源等信息。

（11）天工数据库

“天工 LCA 数据库”由天工社区 150 余名行业专家联合构建，以开放、开源、共享、透明、可追溯为基本原则，汇聚了涵盖我国 55 个行业、4 000 多组单元过程的 70 000 多条公开数据。“天工 LCA 数据库”在全球范围开放免费使用，基于公开、透明、规范的流程保证所有数据完全可追溯，并且持续动态更新与修正。此外，“天工 LCA 数据库”在数据、平台等多方面应用国际通行标准方法和技术，具有国际数据汇交、验证和互认的基础。

3.2.2 主流生命周期评价工具现状

经调研，将目前的生命周期评价软件工具整理如表 3.3 所示。

表 3.3 生命周期评价的主要软件工具

软件名称	开发者	数据库	评价方法	简介
eFootprint	中国	ecoinvent、ELCD、CLCD	PEF	符合我国本土化的简单数据，项目可操作性强；上游数据和模型少，侧重于产品
Gabi	德国	Gabi Database、ecoinvent、PlasticsEurope、US LCI datasets	CML 96、CML 2007、Ecoindicator 95、Ecoindicator 99、Ecological scarcity、EDIP 97、EDIP 2003、Impact 2002+	材料、能源、环境、建筑、食品等；数据集含量世界第一、图形界面透明性和灵活性强
SimaPro	荷兰	SimaPro、DutchInput、ecoinvent、BUWAL250、Industry data、ETH-ESU 等 8 个	Ecoindicator 99、CML、EPS2000、EDIP2005、Impact 2002+	能源、材料、气候、农业、交通、建筑、服务业等；生命周期环境影响评价结果可通过表格和图形两种方式表达，并可形成过程网络树状图查找各阶段的比例，结果表达直观明确，数据和评价多样

软件名称	开发者	数据库	评价方法	简介
GHGenius	—	拥有加拿大、美国、墨西哥、印度和欧盟 5 个国家（地区）的各种燃料过程中许多步骤的数据，加拿大环境部模型 Mobile6.2C	专注于估算 3 个方面生命周期排放量：主要是温室气体、来自燃烧源的标准污染物和使用的能源	可以使用历史数据和相关性或模型预测 2050 年的过去、现在、未来几年的排放量；可以设置迭代计算，最大 25
Prelim	美国	—	—	适用于炼油工艺流程，可以根据原油性质和生产过程进行计算
Umberto	德国	ecoinvent、Gabi	—	物质流管理及能效水平分析；用于物料和能流分析，综合成本、生命周期评估和碳足迹，侧重于宏观的物质流分析
EcoPro	瑞士	EcoPro	3 种影响评价模式：临界体积、面向效应模式及生态阈值	5 种系统：一般系统、原料系统、废弃物系统、热能源系统以及电力系统，并可针对不同形式的产品进行系统建构
TEAM	美国	以 ecoinvent 为主	—	概括和模拟复杂工业系统，计算相关生命周期清单，生命周期潜在环境影响和过程的生命周期成本
TLCAM	中国	ecoinvent、CLCD	—	化石能源、可替代新能源的全寿命周期环境影响测算，暂未看到生产流程分析

软件名称	开发者	数据库	评价方法	简介
LEM	美国	—	—	原料制取、原料运输、燃料生产、运输环节等多种交通燃料物化过程的碳排放测算方法
TEMIS	德国	有配套的数据库	—	德国综合系统总排放模型
IFPEN	法国	ecoinvent	—	结合经济性评估和环境评估
LCAIT	瑞典	Boustead、PWMI 塑料、BUWAL	通过求解基于工序间的流和运输方式的线性方程组，进行清单分析	能源与材料
REPAQ	—	REPAQ 数据库	应用 REPAQ 评价产品、加工和包装过程	考察产品从原材料提取、提炼和加工，材料制造，产品装配和处置整个生命周期过程的能源和环境排放
TRACI	美国	大部分指标数据代表美国的地域特征	—	计算机程序，用于分析人类活动潜在的多方面的中间类型环境影响
GREET	美国	GREET	—	模拟各种车辆和燃料组合的能源使用和排放输出
PEMS	英国	资料参数主要采用欧洲，且数据库中的数据不能随意更改或删减	—	材料、包装、造纸

（1）eBalance

eBalance 是亿科环境与四川大学学者共同研发、于 2010 年发布的通用生命周期评价软件。软件支持用户构建图形化的生命周期流程图，并描述任意产品的生命周期过程。

数据库包括 ecoinvent 数据库、ELCD 基础数据库、瑞士与四川大学研发的 CLCD。

评价方法：eBalance 软件内置有常用的 LCIA 特征化因子、中国 2005 年及 2010 年归一化基准值和节能减排权重因子，支持完整的 LCIA 特征化、归一化和加权综合计算。通过数据图表和图表的形式显示和分析计算结果。用户还可通过自定义图表对比分析多种条件下的多组计算结果。

功能特点：①可实现废物处理、多产品系统、多数据组及多基准流的计算；②包含符合我国本土化的清单数据，项目可操作性强。

（2）eFootprint

eFootprint 软件是在 eBalance 软件的基础上升级开发的，是在线的 LCA 数据填报和分析平台，可基于 Web 完成供应链的数据调查、数据库集成、LCA 建模和分析。其数据库来源有两个方面：①权威基础数据库，即中国生命周期核心数据库（CLCD）、欧盟官方数据库（ELCD）等；②品牌供应商可以自主向采购方提供数据。

平台流程如下：

第一步：确定评价体系和评价标准、贡献因子。

第二步：建立产品/技术生命周期模型，列出输入/输出清单。

建模方式：

第一步：手动逐个添加零部件/工艺流程。获取途径包括实地考察、文献来源、专家提供、行业调研等；

第二步：直接导入 BOM 表，自动生成模型。BOM 表包括父项编码、物料编码、名称、数量、单位、质量、材质、获取类型、替代物料数量。BOM 表一般来源于供应商。

第三步：获取数据。获取途径：从数据库中提取；文献来源；行业调研；专家估计；向供应商发送数据申请。

第四步：评价结果。eFootPrint 平台会列出评价指标中各贡献因子所占的比例，以此来为决策做参考。

（3）Gabi

Gabi 软件是由德国 PE 公司和德国斯图加特大学聚合物测试与研究所（IKP）共同研发的。目前最新版本是 Gabi 9。主要有以下特点：

1）丰富的数据库。具有 4 700 多种生命周期评价中常用的数据资料组，覆盖各行各业，如电子、能源、食品、机械、化工等。同时还有数十种扩展数据库，如有色金属、钢铁、可再生材料等。数据主要来源于 PlasticsEurope、Buwal、PE-Gabi 和 ecoinvent。

Gabi 软件全部数据库清单如表 3.4 所示。

表 3.4　Gabi 软件全部数据库清单

英文	中文
Professional database 2020	专业版数据库（又称基础数据库）
Extemxxi database Ia：organic intermediates 2020	拓展数据阵 Ia：有机
Exienston database Ib：inorganic intermediates 2020	拓展数据库 Ib：无机
Extension database II：energy 2020	拓展数据库 II：能源
Extension database III：iron and steel 2020	拓展数据库 III：钢铁
Extension database IV：aluminium 2020	拓展数据库 IV：铝
Extension database V：nonferrous metals 2020	拓展数据库 V：有色金属
Extension database VI：precious metals 2020	拓展数据库 VI：稀有金属
Extension database VII：plastics 2020	拓展数据库 VII：贵料
Extension database VIII：coating 2020	拓展数据库 VIII：涂料
Extension database IXa：end of life 2020	拓展数据库 IXa：生命周期终止
Extension database IXb：end of life parameterised models 2020	拓展数据库 IXb：生命周期终止一参数模型
Extension database X：machining processes 2020	拓展数据库 X：制造工艺
Extension database XI：electronics 2020	拓展数据库 XI：电子
Extension database XII：renewable materials 2020	拓展数据库 XII：可再生材料
Extension database XIII：ecoinvent integrated v3.3	拓展数据库 XIII：ecoinvent v3.3
Extension database XIV：construction materials 2020	拓展数据库 XIV：建筑
Extension database XV：textile finishing 2020	拓展数据库 XV：纺织
Extension database XVI：seat covers 2020	拓展数据库 XVI：座椅
Extension database XVII：full US 2020	拓展数据库 XVII：美国
Extension database XVIII：NREl USLCI integrated 2020	拓展数据库 XVIII：NREL USLCI 集成

英文	中文
Extension database XIX：bioplastics 2020	拓展数据库 XIX：生物塑料
Extension database XX：food & feed 2020	拓展数据库 XX：食品&饮料
Extension database XXI：India 2020	拓展数据库 XXI：印度
Extension database XXII：carbon composites 2020	拓展数据库 XXII：碳复合材料（碳纤维）

ecoinvent 数据主要来自期刊、报告等文献资料，Gabi 软件除拓展数据库 XIII 外的数据则是来自多年积累下来的企业实际生产数据。

2）可包含众多的评价方法，如 EDIP 97、EDIP 2001、EDIP 2003、Eco-Indicator95、Eco-Indicator99、CML 2001、TRACI 等。

3）可视化模型，简洁清晰的图形界面，其评价结果可以生成电子报告并且可以 Excel 形式导出。

付费的正式版软件可以将物料清单（BOM）一键导入 Gabi 软件，主要用于汽车整车这类零配件、部件繁多的产品建模，帮助简化建模过程，节约研发时间成本。教育版无此功能。

4）敏感性分析。对生命周期过程中的一些影响因素进行参数设定可以方便地进行敏感性分析。

5）蒙特卡罗分析。通过对生命周期过程中的一些不确定性参数进行设定进行蒙特卡罗分析，使得评价结果更加准确。

（4）SimaPro

SimaPro 集成了世界上最先进的生命周期评价方法，如 Eco-indicator99、CML1992v2.1、Eeopoints97（CH）v2.1、

EPS2000 v2.1 等。该软件由 DutchInputOutputDatabase95、DataArchive、BUWAL250（瑞士开发）、ETH-ESU96Unitprocess、IDEMAT2001、ecoinvent 等 8 个数据库联合组成，包括能源与物料的投入产出、原料的各项数据、包装材料数据、油品与电力等各种产业数据及环境冲击、全球变暖、温室效应等数据。可用于分析农业生产、化学品使用、能源化工、交通运输、建筑材料及服务业等多个领域的环境影响。SimaPro 自带包含 4 000 多个工艺过程在内的 ecoinventv 2.0 的完整数据库。

软件的特点是：包含了更广范围的数据，能够将不同的数据库整合在一起，并能根据数据的不同来源进行分类，分级储存于不同数据库，数据保密性强，来源清楚，运用过程中更稳定；单元过程与系统过程均可用；支持系统边界与分配方法的配置。在 SimaPro 软件中，通过对每个阶段的物质和能量输入、输出数据，可以形成一个完整的能流、物流结构。

SimaPro 是由荷兰 PRé Consultant 公司在 1990 年开发的生命周期评价软件。软件中 LCA 研究过程的建立可以采用单元过程或系统过程，所有过程的数据均可定义成多输出模式，且可根据案例实际指定分配比率。SimaPro 的计算方法采用矩阵解决方式，可计算闭环的 LCA 模型。

SimaPro 的评价指标包括气候对人类的影响、臭氧消耗、毒性、光化学影响、颗粒物、辐射、生态环境改变、酸化影响、水污染、土地利用等。

功能特点：

- 数据来源庞大、数据量丰富，数据分级储存更清晰；
- 操作简便，计算结果准确透明，可查看到对选定影响类型有贡献的物质明细；
- 生命周期环境影响评价结果可通过表格和图形两种方式表达，并可形成过程网络树状图查看各阶段的比例，结果表达直观明了；
- 评价方法多样，几乎包含所有的全球主流环境影响评价方法，且用户可对评价方法进行编辑和扩展。

（5）GHGenius

从参考默认值到建模特定设施或燃料系统。该模型还具有原料和区域电网的温室气体输出数据。该模型是可扩展的，并且可以将新的原料、生产系统、车辆和区域添加到模型中。

生命周期评估的一个关键问题是用于进行分析的数据的质量。在比较来自不同来源的生命周期评估时，所使用的数据类型通常是最重要的一个问题。GHGenius 拥有加拿大、美国、墨西哥、印度和欧盟的 4 个地区的各种燃料过程中许多步骤的数据。美国的大部分数据来自美国能源部能源信息管理局。这包括电力、原油、精炼石油产品、天然气和煤炭生产等过程的历史数据和未来预测。在其他情况下，美国流程的数据来自美国人口普查和美国国家环保局报告。

就加拿大而言，加拿大统计局、加拿大自然资源部、加拿大环境部和国家能源局的报告已被用作电力、原油、精炼石油产品、天然气和煤炭生产信息的数据来源。加拿大石油生产商协会

（CAPP）和加拿大天然气协会（CGA）等行业协会也被用作数据来源。

模型中与能源无关的过程排放主要根据美国国家环保局 AP-42 排放因子计算。传统燃料车辆的排放来自加拿大环境部模型 Mobile6.2C。对于替代燃料，排放量是根据相对排放因子计算的。在某些情况下，这些相对排放因子基于美国国家环保局进行的分析，而在其他情况下则基于对现有文献的评估。

对于其他数据需求，模型中使用的层次结构是在可用的情况下首先使用行业平均值，其次是工厂实际运行的数据、工程设计数据以及失败的任何可用数据，最后是来自试点工厂、工程模拟的估计数据或科学实验得出的数据。

GHGenius 填充了模型中包含的所有流程的数据，同时提供了一个输入表，以便用户可以轻松地更改生命周期中的步骤，从而根据他们的特定需求定制 LCA。用户还可以对生命周期中的许多特定步骤进行更改，以更好地了解流程对这些更改的敏感性。这种灵活性使模型成为分析的强大工具。

GHGenius 专注于估算三个影响类别的生命周期排放量：主要温室气体、来自燃烧源的标准污染物和使用的能源。

GHGenius 可以为加拿大和美国的特定地区（东部、中部或西部）执行 LCA。该模型还可以在墨西哥、印度和欧盟的 4 个地区运行。对于加拿大，也可以按省对许多流程进行建模。

（6）Prelim

Prelim 软件是美国 National Energy Technology Laboratory

（NETL）开发的，适用于炼油工艺流程。它可以根据原油性质和生产过程进行计算。例如，利用 PRELIM 模型计算燃料生产过程中的能源利用和温室气体排放。

（7）Umberto

Umberto 是 LCA 工具，使用图示界面模拟材料流程，输入并跟踪物流/能流，它也包含一个估价系统编辑器以支持影响评价。

Umberto 由德国汉堡 IFU（Institute for Environmental Informatics Hamburg GmbH）公司于 1994 年开发并发布，用于基于计算机的物料和能流分析，综合成本会计、生命周期评估和碳足迹（carbon footprinting），侧重于宏观的物质流分析。该软件以数据库为基础，通过构建物流网络模型的方式对能源和材料流动过程中的数据信息进行分析和管理。Umberto 软件可以用矢量图或剪切图片形象化地显示产品寿命周期中原材料和能源的“流动”过程，因此可以对产品寿命周期的每一阶段进行单独的分析评价。Umberto 还可以对产品的生命周期成本（Life Cycle Cost，LCC）和生态影响进行分析评价。

Umberto 软件构建的物流网络中，通过物质和能源流描述能源以及材料进入系统，在系统内部流动和转换，并输出系统等一系列过程。网络结构由多种不同定义的元素及图形符号组成。利用数学语言对这些图形符号进行定义并根据关系组成的网络结构就能进一步直观地描述物质流动的情况。

Umberto 是一款物流分析和生命周期清单计算的专业应用软件，侧重于宏观的物质流分析。该软件以数据库为基础，通过构建物流网络模型的方式对能源和材料流动过程中的数据信息进行分析和管理。

物流网络模型能够直观地描述所要评价的系统的生产或产品生命周期的各个阶段。物流网络模型可以用来计算原料及产品的输入/输出平衡或产品生命周期清单，而且还能够分析系统中各元素之间或系统某一子单元中物质和能量的流动情况。

Umberto 系列软件可应用于可持续工程与设计、应对气候变化、水资源利用、废弃物管理、节能减碳等，并提供解决方案。

Umberto 系列软件能应用的主要功能有：

- 物质与耗能管理（Material and Energy Flow Management）
- 物质流成本会计（Material Flow Cost Accounting，MFCA）
- 精实生产管理（Lean production）
- 碳足迹管理（Carbon Footprinting）
- 生命周期评估（Life Cycle Assessment）
- 生命周期成本（Life Cycle Costing）

Umberto 物质流分析软件以物料守恒及能量守恒为原理，以过程单元（transitions）、进出和储料单元（places）、箭头记号（arrows）为网络模型组成元素，采用桑基图构建工业企业物质流模型。

应用 Umberto 软件，通过对企业物质流向、利用强度及环境特性等进行统计，分析清洁生产潜力。整个建模工作按照下面的过程进行：①进行实地考察，了解企业的生产工艺和生产状况；②收集企业相关生产过程数据；③按照企业的生产工艺，运用 Umberto 软件构建生产流程模型；④分别针对每个生产工艺环节，将企业生产过程中的物质流和能量消耗数据添加到模型中；⑤建立相应的评价体系，运用模型对企业现有生产线进行计算和分析；⑥通过和技术人员的共同研究，找出企业目前存在的主要问题，设计解决方案；⑦运用模型对方案进行评估，为企业的决策提供帮助。

（8）EcoPro

EcoPro 软件为一可在 Windows 窗口下使用的软件，内含一套由瑞士环境、森林景观联邦办公室（Swiss Federal Office for Environmental，Forest and Landscape，EMPA）所建立的数据库，包含 3 种影响评价模式（临界体积、面向效应模式及生态阈值等 3 种）可供选择。EcoPro 主要将系统分为 5 种形式，即一般系统、原料系统、废弃物系统、热能源系统以及电力系统，并可针对不同形式的产品进行系统建构。环境负荷和污染排放则以质量为基础进行分配。

（9）TEAM

TEAM 当前版本为 TEAM5.1，由美国 Ecobalance 公司开发，其数据库以 ecoinvent 为主，包含纸和纸浆、石油化工品和塑料、无机化学品、铜、铝、其他金属、玻璃、能量转换、物流、废弃物管理十大类行业的数据资料。其显示部分未使用图形表现，操作难度较大，比较适合专业人员采用。

TEAM 允许用户创建和使用数据库，模拟代表产品、过程和活动实施的任何系统，设计的目的是概括和模拟复杂工业系统，计算相关生命周期清单、生命周期潜在环境影响和过程的生命周期成本。

（10）TLCAM

清华大学的欧训民、张希良等在 GREEN 模型平台基础上，开发建立起了适用于我国平均水平的石油基汽油和柴油的全寿命碳排放分析、测算的清华大学中国车用能源全生命分析模型（TLCAM），编制了我国主要终端能源品种的全生命周期化石能源和温室气体（GHG）排放强度清单，重点对我国当前和未来的多条车用能源技术路线进行了全生命周期能耗及 GHG 排放分析。并逐渐扩展应用到生物燃料乙醇、生物柴油、压缩天然气、液化石油气、煤制甲醇、煤制二甲醚、天然气制氢气等可替代新能源公交车燃料的全寿命周期环境影响测算。

（11）LEM

车用能源物化过程碳排放的研究方面，以美国 Delucchi 建立的 LEM 模型和美国阿岗国家实验室的 GREET 全寿命交通能源碳排放测算模型最为代表，清晰构造了包含原料制取、原料运输、燃料生产、运输环节等多种交通燃料物化过程的碳排放测算方法，其计算结果已经被广泛应用并不断扩展。Delucchi 建立涵盖多种交通燃料、能源的原料制取、原料运输、燃料生产等全面的交通系统全寿命周期碳排放（Lifecycle Emissions Model，LEM）模型，美国阿岗国家实验室在 LEM 模型基础上发展、完善，形成全寿命交通碳排放测算模型（The Greenhouse Gases，Regulated Emissions，and Energy Use in Transportation Model，GREET），并发展成最新版 GREET 2018。

（12）TEMIS

德国综合系统总排放模型（TEMIS）项目由达姆施塔特应用生态研究所开发，为参与制定能源政策的规划者和决策者提供分析工具，并有配套的数据库。

（13）IFPEN

IFP Energies nouvelles（IFPEN）有自身的体系，该体系结合了经济性评估和环境评估两个方面。经济性评估是通过计算资本支出（CAPEX）和运营支出（OPEX）来完成的，环境评估是采用 LCA 的框架进行的。

（14）LCAIT

LCAIT，当前版本为 LCAIT4，是瑞典 Chalmers Industriteknik 所开发出的软件。它可外接其他数据库，适合具有物质能量流动概念的非专业技术的初学者使用。

LCAIT 是能源和材料（LCI）工具，包含了化学品、塑料、纸浆和纸产品等材料“从摇篮到大门”的数据信息。同时含有欧洲 Boustead 能源数据、PWMI 塑料数据和 BUWAL 数据，不含北美数据，也没有评估数据质量。通过求解基于工序间的流和运输方式的线性方程组，进行清单分析。

（15）REPAQ

REPAQ 由 Franklin Associates.Ltd 开发，REPAQ 是 LCI 工具，考察产品从原材料提取、提炼和加工，材料制造，产品装配和处置整个生命周期过程的能源和环境排放。可以应用 REPAQ 评价产品、加工和包装过程。用户可以利用 REPAQ 数据库，也可以常规物料特征，输入自己的数据。

（16）TRACI

TRACI 是一种评价事物环境化学及其他环境影响的工具。美国国家环保局开发了 TRACI 这一独立的计算机程序，用于分析人类活动潜在的多方面的中间类型环境影响。模型中大部分指标数据具有美国的地域特征，是一种典型的考虑地域因素的影响评价方法。

（17）GREET

GREET 是由美国 Argonne 国家实验室开发出来的软件，GREET 模型是一种独一无二的分析工具，可模拟各种车辆和燃料组合的能源使用和排放输出，从而让研究人员评价多种汽车和燃料的不同组合性能。

（18）PEMS

当前版本为 PEM4.7，是由英国 Pira International 公司所研发，采用 Pira International 数据库，该数据库中的资料参数主要采用的是欧洲的，且数据库中的数据不能随意更改或删减。软件操作略简单，初学者及专业人员都可使用。

此外，还有加拿大可持续发展研究所开发的 Athena 软件、日本产业环境管理协会开发的 JEMAI-LCA 软件等。

3.3　建设原材料工业产品碳足迹基础数据库的必要性

根据对国内外碳足迹数据库建设情况的分析总结，目前碳足迹数据库仍有以下不足：

1）对于国际主流碳足迹数据库，如德国 Gabi 数据库、瑞士 ecoinvent 数据库、美国 USLCI 数据库以及欧盟 ELCD 数据库等，这些数据库主要关注欧洲和美国的背景数据，对于我国产业情况的评价质量并不高，导致不能准确反映我国能源、材料、产品真实碳足迹。

2）对于我国碳足迹数据库，包括四川大学和亿科环境开发的 CLCD 数据库、生态环境部环境规划院碳达峰碳中和研究中心发布的中国产品全生命周期温室气体排放系数据库、天工计划发布的天工数据库等，目前仍需要进一步改进和完善，以提供更加精准、实时、深入的数据支持，挑战主要包括两个方面：一方面，数据来源的多样性使得数据较为散乱，同时数据基准年较早，无法反映企业最新的实际生产情况；另一方面，数据库的数据覆盖面较大，缺少针对特定领域的深入研究，比如重点原材料行业，尤其是水泥、石化等总产量高、碳排放量大、对于实现“双碳”目标有着关键作用的行业。

综上所述，随着“双碳”目标的推进和我国对于环境保护的重视程度不断提高，对于更加精准、实时、深入的碳足迹基础数据库需求将会更加迫切。若继续依赖国外数据库，会造成碳足迹数据泄露与滥用，使得我国在数据安全上面临极大的风险，也使得我们在气候变化问题上缺乏话语权。因此，针对水泥、石化等重点原材料行业设计并搭建能够反映企业实际生产与碳排放数据，达到高水平广度与精度，并且数据自主可控的碳足迹基础数据库极为重要。

第4章

原材料工业产品碳足迹基础数据库搭建

4.1　总体设计

数据库总体采用“1+N”架构设计，如图 4.1 所示。

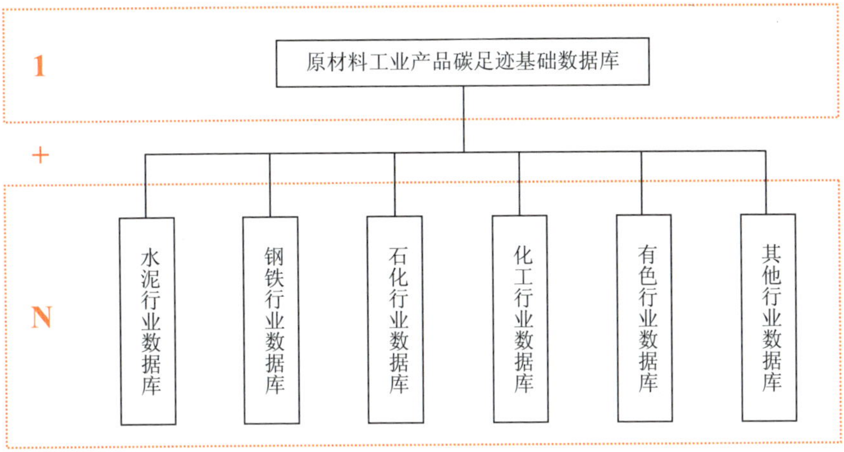

图 4.1　数据库总体设计架构

“1”代表主数据库。参考生命周期通用标准指南，设计并搭建原材料工业产品碳足迹基础数据库与生命周期评价工具整体框架，实现产品生命周期建模与环境影响评价功能。

“N”代表各行业碳足迹基础数据库。在数据库整体框架的基础上通过实测、调研等方式收集行业数据。以水泥行业作为试点，验证整体框架的可行性；其他行业通过购买已有数据集或自建数据集的方式，支撑行业数据库建设，在平台上可发现、可链接。

4.2 数据库设计

4.2.1 模型架构

原材料工业产品碳足迹基础数据库概念模型如图 4.2 所示。

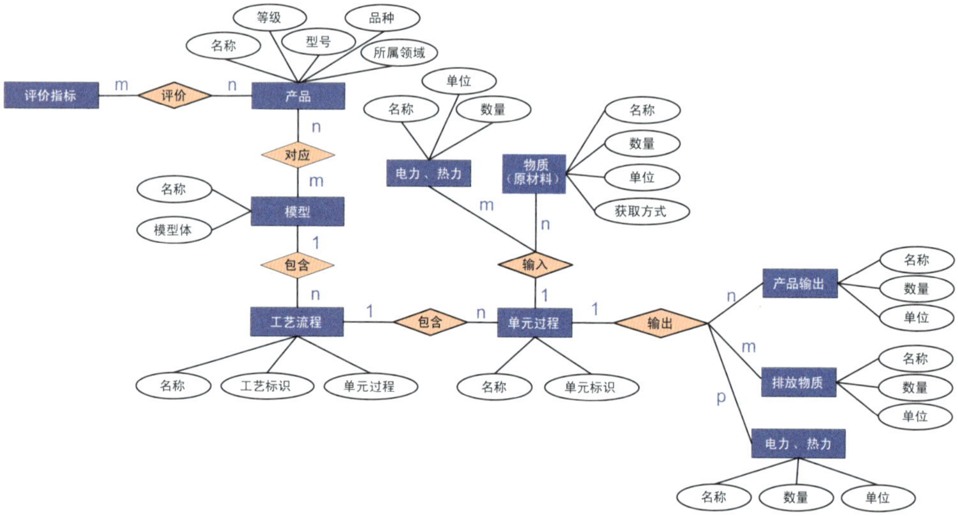

图 4.2 原材料工业产品碳足迹基础数据库概念模型

在该概念模型中，主要有产品、评价指标、模型、工艺流程、单元过程、原辅料、输出产品、排放物等实体。每种产品对应多项评价指标，用户能够为一种产品构建多个生命周期模型；一个产品生命周期模型中可能会有多个工艺流程，一个工艺流程可以包含多个单元过程；每个单元过程都输入多种不同原辅料，输出不同的产品（中间产品）、排放物。

数据库整体架构如图 4.3 所示。

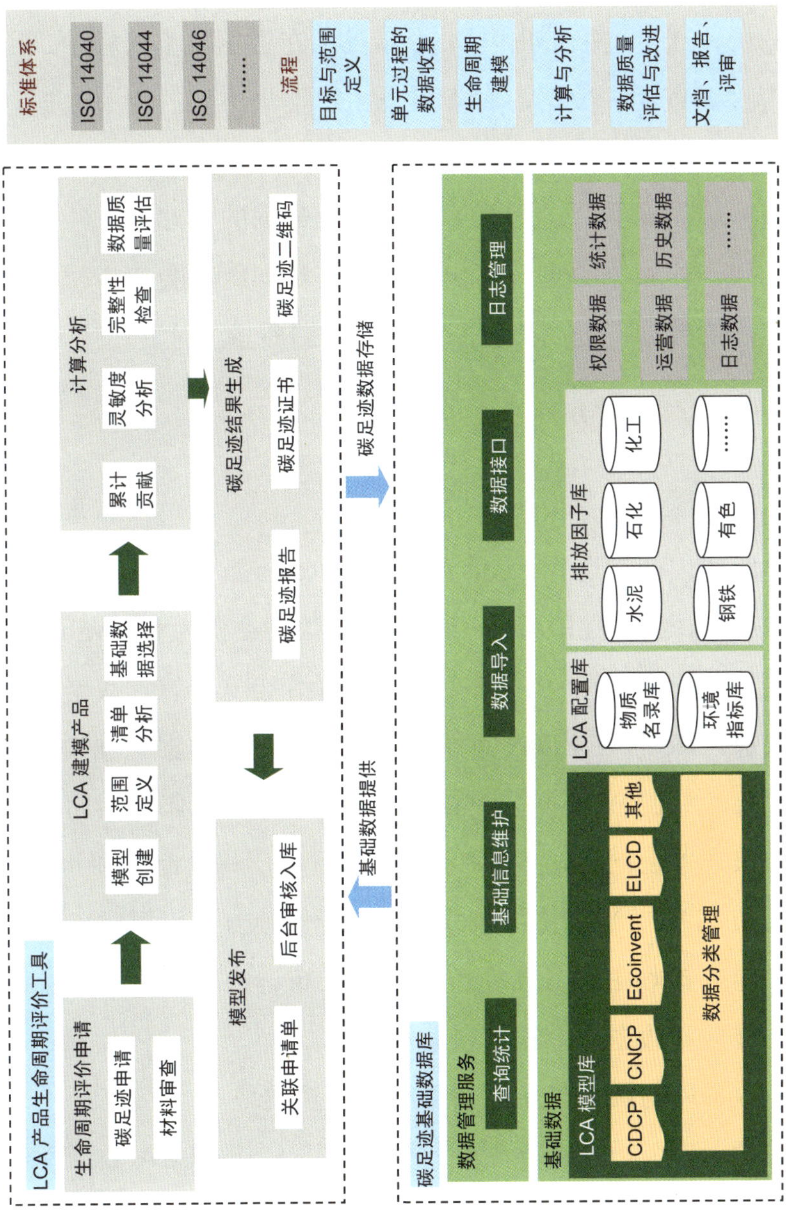
LCA 产品生命周期评价工具
生命周期评价申请
碳足迹申请
材料审查
LCA 建模产品
模型创建
范围定义
清单分析
基础数据选择
计算分析
累计贡献
灵敏度分析
完整性检查
数据质量评估
模型发布
关联申请单
后台审核入库
碳足迹结果生成
碳足迹报告
碳足迹证书
碳足迹二维码
基础数据提供
碳足迹数据存储
碳足迹基础数据库
数据管理服务
查询统计
基础信息维护
数据导入
数据接口
日志管理
基础数据
LCA 模型库
CDCP
CNCP
Ecoinvent
ELCD
其他
数据分类管理
LCA 配置库
物质名录库
环境指标库
排放因子库
水泥
石化
化工
钢铁
有色
……
权限数据
统计数据
运营数据
历史数据
日志数据
……
标准体系
ISO 14040
ISO 14044
ISO 14046
……
流程
目标与范围定义
单元过程的数据收集
生命周期建模
计算与分析
数据质量评估与改进
文档、报告、评审

图 4.3 数据库整体架构

核算整体流程包括目标与范围定义、生命周期建模、LCA 计算结果分析、碳足迹报告出具 4 个步骤。在数据收集过程中，用户可以直接调查相关数据，对于单个用户搜集不到的相关数据，可选择邀请供应商共同调查，也可以由多个用户协同建模。LCA 计算结果能够发布到基础数据库作为基础数据的一部分，经过不断反复迭代，由实景数据核算出的碳足迹数据结果会初步替代陈旧或不准确的数据，提高数据库整体的数据质量。

4.2.2 共享链接能力

（1）数据库底层架构选择

本系统底层架构选择 Redis 数据库。Redis 数据库的特点是命令执行速度快，读写性能可达 10 万条/s；数据结构为 key-value 键值对字典，支持的 value 类型多，数据库操作方式丰富，数据库部署便捷快速。Redis 在 Linux 系统平台支撑较好，数据管理简单。Redis 的另一项优势是支持主从同步，数据可以从主服务器向任意数量的从服务器上同步，使得 Redis 可执行单层树复制。由于完全实现了发布/订阅机制，使得从数据库在任何地方同步树时，可订阅一个频道并接收主服务器完整的消息发布记录。同步对读取操作的可扩展性和数据冗余很有帮助。

（2）数据库与国内外主流数据库的对接实现

通过预调研分析国内外主流数据库，基于国际 LCA 数据库建设规范以及《环境管理　生命周期评价　数据文件格式》（ISO 14048：2002）等标准搭建中国原材料工业产品碳足迹基础数据库，设计针对中国原材料工业特点的数据库结构，兼容 ecoinvent、ELCD、CPCD 等国内外主流数据库。

同时，数据库建立了标准与规范的命名方式，使用下划线命名法，表、字段等有明确的注释说明，方便开发与运维人员查找、修改与更新；数据类型、数据格式、数据字典等方面的数据结构规范清晰，并且采用了通用的数据交换协议，实现数据的共享和集成。

（3）开展团队建模与供应链协同

在建立碳足迹模型的过程中，很多情况下，生产企业难以获取到上游原燃料及产品供应商的相关数据，导致模型建立不准确或数据缺失等问题。为此，平台设计了团队建模与供应链请求两种方式解决上述问题。

在进行碳足迹核算与评价时，有些产品的碳足迹模型可能横跨了不同行业或不同法人边界，这种情况下单个用户进行碳足迹建模存在一定困难。在遇到这种情况时，用户能够邀请平台上的其他用户参与建模，共同建立模型的用户可以共享模型数据和信息，共同对模型进行修改和调整（图 4.4）。这种团队建模的方式允许各方协同工作，共享数据和知识，从而更好地建立准确的碳足迹模型。

图 4.4　团队建模

另外，如果模型中存在关键数据或保密数据不便分享，用户也可以选择供应链请求的方式获取上游或其他行业的相关数据（图 4.5）。相关用户收到请求后，可以根据实际情况提供数据以完成碳足迹模型的建立与产品碳足迹核算评价。

图 4.5 供应链请求

4.2.3　运行水平

为了保证数据库运行效率，增强稳定性，提升用户满意度，在搭建过程中，设定了数据库运行水平目标并严格基于目标进行设计。经测试，系统达到预期目标并运行良好。具体如下：

（1）系统稳定性

系统稳定性是信息化系统运行水平的重要考核维度之一。主要涉及系统的可靠性、稳定性和可用性，即系统在各种情况下是否能保持正常的运行状态，以及在异常情况发生时是否能自我恢复。在系统稳定性方面，数据库系统能够保证：

1）故障率：每个月不超过 0.1%。

2）故障恢复时间：故障发生后，系统能在 30～60 min 内恢复正常。

3）容错能力：具备在故障情况下仍能正常运行，并能够快速诊断和处理故障。

（2）数据准确性

数据准确性是评估信息化系统运行水平的关键因素之一。它主要是指系统在处理、存储和传输数据的过程中，是否能保证数据的准确性、完整性和一致性。在数据准确性方面，数据库系统能够保证：

1）数据错误率：系统在处理数据过程中发生错误的概率不大于 1%。

2）数据丢失率：系统在存储和传输数据过程中丢失数据的概

率为 0。

3）数据一致性：不同用户或不同时间点访问同一数据项得到的结果一致。

（3）用户满意度

用户满意度是另一个重要的考核维度。它主要是指用户对系统使用体验的主观评价。数据库系统采取了以下设计保证用户满意度：

1）界面设计：系统采用简洁、清晰和直观的用户界面设计，使用户易于理解和操作系统的各项功能。合理的布局、易于导航的菜单和可视化的元素可以提高用户的使用便利性。

2）一致性：系统中的各个页面和功能保持一致的设计风格和操作方式，避免用户在不同功能之间产生困惑。通过统一的样式和交互模式，用户可以更快地上手并使用系统。

3）引导和帮助：系统提供明确的引导和帮助功能，以指导用户完成特定的任务或解决问题。例如，提供一致的用户文档、在线帮助和提示信息等，使用户能够快速获得所需的支持。

（4）系统性能

系统性能是指系统在处理各种任务时的效率和能力。在系统性能方面，数据库系统能够保证：

1）响应时间：系统响应时间为 200 ms～2 s。

2）吞吐量：吞吐量在每秒数十至数百个请求之间。

3）并发用户数：并发用户数在 100～200。

4）资源利用率：系统能够合理利用服务器、网络和存储等资源，确保资源的有效利用和合理规划，以避免性能“瓶颈”和资源浪费。

5）可靠性和可用性：系统能够保持高可靠性和可用性，以确保系统能够持续运行并提供服务，采用冗余和负载均衡等技术来提高可靠性和可用性。

（5）信息完整性

信息完整性主要是指系统中数据的完整性和一致性，即系统中的数据是否准确无误并且与现实世界中的实体状态保持同步。在信息完整性方面，数据库系统采取了以下措施：

1）数据验证：对于用户提交的数据进行有效的验证，确保数据的格式正确、符合预期，并满足业务规则。例如，验证数据的长度、类型、范围等，以及确保必填字段不为空。

2）完整性约束：数据库定义了适当的完整性约束来限制数据的有效取值范围，包括主键约束、外键约束、唯一约束等，以避免数据的重复、冲突或不一致。

（6）系统可扩展性

系统可扩展性是指信息化系统在面对未来业务发展和技术更新的情况下，是否具备良好的扩展能力，以满足不断变化的业务需求和技术趋势。在系统可扩展性方面，数据库系统能够做到：

1）水平扩展：通过增加硬件资源、部署多个服务器节点等方式实现系统的水平扩展，能够提高系统的处理能力和性能，满足日益增长的用户访问量和并发请求。

2）弹性伸缩：系统能够根据实时的负载情况自动调整资源的分配，通过使用自动化的负载均衡和弹性伸缩技术，根据需求动态地增加或减少服务器资源，以保证系统的稳定性和性能。

3）松耦合架构：系统的各个模块或组件之间是松耦合的，即相互独立的，可以独立扩展或替换。这样，在需要扩展某个特定功能时，只需要对目标模块进行修改或增加，而不会对整个系统产生较大的影响。

（7）故障恢复能力

故障恢复能力是指当信息化系统中出现故障或异常情况时，系统是否能够尽快恢复正常运行状态，并减少对业务和服务的影响。在故障恢复能力方面，数据库系统能够做到：

1）容错设计：系统采用容错设计，通过多个服务器节点的冗余部署、备份系统、自动故障切换等手段，保证在发生故障时能够继续提供基本功能或服务，而不会完全中断。

2）故障检测和监控：系统具备故障检测和监控机制，能够及时发现故障并进行相应的处理。通过实时监测关键指标、日志记录和报警系统，可以快速发现故障并采取必要的措施进行恢复。

3）容灾备份：系统有相应的容灾备份措施，以保证数据和服务的可用性。定期进行数据备份，并将备份数据存储在可靠的位置，以便在故障发生时进行数据恢复。同时，备份的系统部件或模块也随时准备就绪，以实现快速的故障切换。

4）快速恢复：系统具备快速恢复的能力，以最小化服务中断时间，包括快速定位故障原因、自动化的故障切换机制、快速部署备用系统等。通过这些措施，能够在故障发生后尽快将系统恢复到正常运行状态。

（8）易用性

碳足迹数据库建立的最终目的是服务用户，传统的碳足迹数据库操作较为复杂，学习成本高，效率较低。为此，平台采取了一些措施来提高数据库的易用性，提高用户的工作效率。具体如下：

1）模型可视化。平台设计了可视化 LCA 建模工具，提供直观的可视化界面，通过在界面中展示各种组件和元素，用户可以更加清晰地了解不同单元过程之间的关系和交互，从而更容易理解整个模型的结构和逻辑。生成计算结果时，不仅有完整的 LCA 报告，还可展示具体的 LCA 图形化模型，甚至产品上游原料的模型等产业链信息，体现充足的信息量与工作量，便于采信，防范风险，树立高品质服务。

2）拖拽式建模流程。利用图形化拖拽式 LCA 模型设计器建立模型。LCA 模型设计器引擎是一款灵活、易扩展的可执行模型设计器框架，所使用的框架可无缝与 Web 项目集成，结合 LCA 标准方法，支持完整的 LCA 工作模型创建，包括过程定义、管理、执行、过程产品设置、输入项、输出项设置、自动计算、质量评估、报告导出等，同时可满足企业供应链在线调查、模型数据在线评审等需求。用户可以通过简单的拖拽操作来添加、删除、移动和调整单元过程，操作更加直观，并且能够减少不必要的操作和错误。

3）预设模板。平台预设了适合不同行业与产品的 LCA 模板，通过调用模板，用户能够省去烦琐的建模流程，而是直接在已有的模板上进行微调与修正，化繁为简，更易上手，可实现多人随时随地协作分工，以帮助用户更快地完成模型创建和编辑，提高

LCA 工作效率。

4）支持多种数据来源。数据库支持多种数据输入方式，如手动输入、文件导入、API 集成等。用户可以下载 Excel 格式的模板，填写数据并导入，系统根据模板中填写的内容自动建模，以方便用户导入不同来源的数据，并提高数据的质量和准确性。

（9）安全性

碳足迹基础数据库的数据涉及企业的生产和经营信息，需要保护企业的商业机密和隐私。为此，平台建立“三化六防”的网络安全体系基础框架，三化即实战化、体系化、常态化的网络防护能力，六防包括动态防御、主动防御、纵深防护、精准防护、整体防护、联防联控。全面落实网络安全法、关键基础设施保护、等级保护、安全责任制、“三同步”管控要求，建立完善涵盖管理办法、管理流程、标准规范、工作手册四个层面的网络安全标准规范体系，实现网络安全的职责明确化、边界清晰化、基线配置标准化和评价考核常态化，持续加强架构安全、纵深防御、积极防御、威胁情报等功能建设，提升“事前预警、事中处置、事后分析”的安全风险闭环管理能力。

针对碳足迹基础数据库的使用特征，平台针对边界安全、安全监测、数据库服务器安全和运维安全采取了相关措施。在边界安全方面，平台在主干网边界以及服务器边界均有防火墙以及 IPS 作为第一道安全防护防线，对访问数据进行过滤和恶意代码防护，保障发布的应用安全，通过访问控制有效杜绝非授权访问；在安全监测方面，利用态势感知平台、数据库审计系统和流量回溯系统对来往流量进行安全分析和网络性能分析，保障数据传输安全和可视化；在数据库服务器安全方面，对主机进行微隔离访问控制，精确控制访问数据流；在运维安全方面，在对数据库进行运维操作时必须登录堡垒机进行操作，保障对操作的行为审计和风险分析。通过以上方式，能够保证数据库的数据安全与隐私。

4.3　数据情况

4.3.1　概述

通过收集来自国际与本土、不同行业、不同产品、不同过程、不同技术、不同方法学模型的各项多源异构数据，基于通用能源交通、大宗上游原材料及过程等公共基础数据库、供应链差别化管理数据库、细分流程在线监测与标准化实验室检验交互验证数据库、产品性能检验检测数据库、生命周期方法学理论模型库、生命周期环境排放特征化因子库等，利用多源异构数据融合和综合集成技术、大数据分析与处理技术，形成统筹“本土与国际二元数据”、“时间和空间二维尺度”、覆盖“行业平均+细分企业+细分产品+细分过程+细分技术”多源数据等全生命周期碳足迹基础数据库。

4.3.2　数据收集方式

数据收集是碳足迹基础数据库面临的主要问题之一。要准确计算碳排放量，需要大量的数据，包括能源消耗、交通方式、生产过程等。本书编写成员进行了全方位的数据收集和整理，汇总了不同行业、不同地域、不同时期、不同生产工艺与发展水平的碳足迹基础数据与模型。具体如下：

1）本书编写成员多年来从事企业温室气体核查、产品 EPD 认证等绿色低碳相关业务，积累了丰富的产品碳足迹基础数据，如原燃料运输方式与运距、原材料（如石灰石、铁矿石等）品位、化石燃料（如煤炭、柴油等）低位热值、企业生产阶段能耗物耗等，按照物料平衡法，基于实际基础数据计算出原燃料碳排放因子，进而核算产品生产阶段乃至全生命周期碳排放量，作为产品碳足迹数据录入数据库中。

以烟煤为例，本书编写成员收集了约 60 家工业企业 2020—2023 年 4 年的低位热值实际检测数据共 600 余条，通过下式计算烟煤直接燃烧排放因子：

$$EF_{烟煤} = NCV_{烟煤} \times CC_{烟煤} \times OF_{烟煤} \times \rho$$

式中，$EF_{烟煤}$ —— 烟煤直接燃烧排放因子；

$NCV_{烟煤}$ —— 烟煤低位热值；

$CC_{烟煤}$ —— 烟煤单位热值含碳量；

$OF_{烟煤}$ —— 烟煤碳氧化率；

ρ —— CO_2 与 C 分子量比值。

最终，得到 600 余条烟煤直接燃烧排放因子并录入数据库，作为基础数据在碳足迹核算中使用。

2）标准规范与政策文件缺省值。本书编写成员全面收集国内外现行标准规范与政策文件（标准规范与政策文件清单见表 4.1），提取汇总了化石燃料燃烧数据（低位热值、单位热值含碳量、碳氧化率等）、工业生产过程排放因子、电力热力消费排放因子、产品固碳排放因子、废水处理 MCF 缺省值、车辆油耗数据等相关特性参数缺省值共 60 条。这些基础数据来自国家部委、行业协会等权威机构，数据计算来源多为全国、区域或行业统计数据，权威性较强，能够反映全国、区域或行业真实平均水平。

表 4.1　收集标准规范清单

序号	标准规范与政策文件名称
1	《IPCC 2006 年国家温室气体清单指南（2019 修订版）》
2	《企业温室气体排放核算方法与报告指南（试行）》（24 个行业）
3	《工业企业温室气体排放核算和报告　通则》（GB/T 32150—2015）
4	《温室气体排放核算和报告要求》（12 个行业）（GB/T 32151—2015）
5	《中国能源统计年鉴》
6	《省级温室气体清单指南（试行）》
7	《2005 年中国温室气体清单研究》
8	《能源统计工作手册》
9	《国际钢铁协会二氧化碳排放数据收集指南（第六版）》
10	《关于做好 2023—2025 年发电行业企业温室气体排放报告管理有关工作的通知》
11	《关于做好 2022 年企业温室气体排放报告管理相关重点工作的通知》
12	《中国区域电网二氧化碳基准线排放因子》（2006—2019 年，共 14 年）
13	《生态环境部关于商请提供 2018 年度省级人民政府控制温室气体排放目标责任落实情况自评估报告的函》
14	《2011 年和 2012 年中国区域电网平均二氧化碳排放因子》
15	《2010 年中国区域及省级电网平均二氧化碳排放因子》
……	……

3）文献调研。除实测数据与权威机构发布的数据外，本书编写成员广泛调研了国内外相关领域文献著作，通过深入挖掘，提取文献中产品碳排放强度与相关参数的信息，如原材料消耗、能源消耗、生产工艺、单位产品碳排放量等。通过对数据的综合分析，进一步梳理产品在不同生命周期阶段的碳排放情况并作为基础数据录入数据库。此类数据由于有不同的核算标准、模型和结构，数据质量不如实测数据和权威机构定期发布更新的数据，但能够作为前期背景数据集对个别缺乏的年份、省份或行业进行扩充，提高数据的覆盖率。

4）除通过实测、调研等方式收集并录入平台的 1.6 万条自有数据外，数据库还涵盖了国内外通用的碳足迹数据，包括 CPCD、ecoinvent、ELCD 等数据库包含的碳足迹数据，在平台运行前期作为补充背景数据。

4.3.3 数据广度

通过 4.3.2 节中的 4 种数据收集手段，本书编写成员对各类碳足迹数据进行了充分的收集与整理。

（1）平台总体数据

截至数据库 1.0 版本，数据总量约 4.2 万条，在《国民经济行业分类》（GB/T 4754—2017）中规定的全行业门类中覆盖率超过 70%，其中制造业覆盖率超过 90%，涵盖了重点原材料行业以及其他工业、非工业行业，如塑料、光伏、电池、纺织、林业、农业、饮料、食品、废弃物处理等。这些数据一方面能够扩充数据库全行业碳足迹核算能力，另一方面也能够在原材料产品的核算中发挥辅助作用。

（2）平台自有数据

对于通过实测等手段收集的自有数据超过 1.6 万条，已达到足够支撑重点原材料行业和其他工业行业重点产品的碳足迹核算水平，具体如下：

从时间覆盖角度，数据库中数据涵盖 2006—2023 年共 18 年的数据，其中近 3 年数据达到 14 603 条，占自有数据总数的 88.35%（图 4.6）。

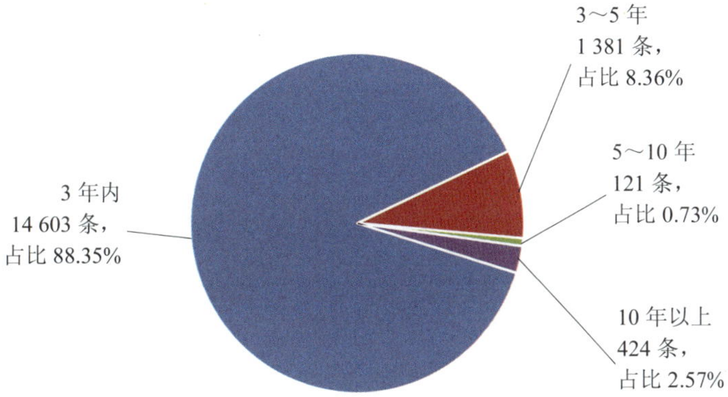

图 4.6　数据时间覆盖分布

从地理覆盖角度，数据库中数据地理分布涵盖 25 个省（区、市），在全国 34 个省级行政区中占比约 74%。未来，通过数据的不断扩充与更新，逐渐包含全国各省（区、市）数据，满足所有地区用户碳足迹核算需求。

（3）重点行业数据

1）水泥行业。在重点企业覆盖方面，建设团队联合中国建材集团，对接集团下属约 50 家代表性水泥企业，调研数百套主要装置，完成水泥产品碳相关实际生产数据收集录入。

在地理覆盖方面，数据库中水泥行业数据覆盖安徽、广西、贵州、河南、湖北、湖南、吉林、江苏、江西、山东、四川、云南 12 个省（区），按国家统计局 2023 年 1—7 月全国分省（区、市）水泥产量数据计算，覆盖产能超过全国 50%。

在时间覆盖方面，数据库中水泥行业数据时间跨度范围覆盖 2015—2023 年共 9 年数据，其中近 3 年数据占比 93.96%。在时间跨度大的同时，数据新鲜度较高。

2）石化行业。对于石化行业，平台联合中国石化集团，对集团下属 40 家代表性企业的 2 000 套主要装置进行调研，完成 8 种原油开采环节碳排放强度数据、5 种原油/产品运输方式碳排放强度数据、40 家炼厂主要石化产品碳足迹数据入库，其中产品生产环节包含 85 种终端产品和 94 种中间物料共计 179 种，主流产品产能占国内实际产能 30%以上（表 4.2）。

入库石化碳流数据达 15 000 条，数据覆盖原油加工量达到 6 亿 t，以全国 2022 年原油加工量为基准，数据覆盖占全国原油加工量的 88.76%。在时间覆盖方面，库内数据均为 2019—2023 年共 5 年数据，其中主要数据年份均为近两年，具体如表 4.3 所示。

表 4.2　石化行业主要产品产量统计

序号	产品	全国总产量/（万 t/a）	入库产品量/（万 t/a）	入库产品占比/%
1	汽油	14 100	4 254.41	30.17
2	煤油	5 272	1 801.74	34.18
3	柴油	16 600	4 598.15	27.70
4	苯	1 086	76.31	7.03
5	甲苯	790	51.11	6.47
6	二甲苯	2 932	251.38	8.57
7	丙烯	2 434（扣除 MTO 丙烯）	275.42	11.31

表 4.3　石化行业数据统计

序号	项目	数值
1	企业数量	40
2	主要数据年份	2
3	部分数据年份	5
4	装置数量/套	2 000
5	覆盖原油加工量/亿 t	6
6	碳流数据	15 000

4.3.4　数据精度

（1）细分数据差异

由于不同国家和地区的能源结构、生产工艺和环保政策不同，同一种原材料或产品隐含的碳排放或碳足迹会随着时间和其他因素（如气候、交通状况等）变化而变化，导致同一产品的碳足迹差异较大。在进行碳足迹核算的过程中，如果一味使用平均数据，可能会忽略这些变化，无法准确反映碳足迹在不同时间点或不同条件下的真实情况，对数据精度造成较大影响。

如表 4.4 所示，由于广西崇左某企业 2023 年 5 月石灰石排放因子为 0.21 t CO_2eq/t，而湖北恩施某企业 2021 年 10 月石灰石排放因子则为 0.4 t CO_2eq/t，二者相差近一倍，企业在核算碳足迹时选择区域代表性高（产地更接近）、时间代表性高（基准年更接近）、技术代表性高（生产工艺更接近）的数据，则能够更加精准地核算产品的真实碳足迹。

表 4.4　不同产地与基准年的石灰石产品碳足迹模型

产品名称	产品型号	功能单位	产地	基准年
石灰石		1 t	中国-湖北-恩施	2021-10-01
石灰石		1 t	中国-贵州-铜仁	2022-09-29
石灰石		1 t	中国-湖南-益阳	2022-04-03
石灰石		1 t	中国-广西-崇左	2023-05-25

为了准确获取产品碳足迹范围、平均值、先进值等数据，以数百家原材料行业企业实际生产流程为基础，通过现场实测或分析企业报表等方式收集了不同供应商、不同区域、不同时期与不同生产工艺的真实数据，开展包括原材料与燃料在内的重点原材料产品碳足迹计算。

以石灰石为例，本书编写成员收集了约 50 家典型水泥生产企业 2020—2023 年共 4 年的石灰石主要成分含量数据，产地覆盖东北、华中、华南、华东、西南 5 地 12 省（区、市）。

石灰石主要由碳酸钙（$CaCO_3$）与碳酸镁（$MgCO_3$）组成，这两种物质在水泥生产过程中高温分解产生氧化钙（CaO）与氧化镁（MgO）并释放大量二氧化碳（CO_2），反应方程式如下：

$$CaCO_3 \xrightarrow{\text{高温}} CaO + CO_2 \uparrow$$

$$MgCO_3 \xrightarrow{\text{高温}} MgO + CO_2 \uparrow$$

根据物料平衡法，钙、镁以碳酸盐形式存在于石灰石生料中，通过石灰石中的钙、镁含量倒推计算石灰石中的碳含量，进而推算出单位质量石灰石受热分解释放出的二氧化碳质量，即石灰石的碳排放因子。计算公式如下所示：

$$EF_{\text{石灰石}} = WT_{Ca} \times \frac{44}{40} + WT_{Mg} \times \frac{44}{24}$$

式中，$EF_{\text{石灰石}}$ —— 石灰石的排放因子，t CO_2/t；

WT_{Ca} 与 WT_{Mg} —— 分别为每吨石灰石中钙元素与镁元素的含量，t；

$\frac{44}{40}$ 与 $\frac{44}{24}$ —— 分别为二氧化碳分子量与钙元素及镁元素分子量比值。

完成核算后，进而对不同年份、不同地域、不同企业的石灰石碳排放因子进行不同层级与维度的平均，以此排除单家企业可能造成的数据误差，最终得到数据库中的基础数据。如经数据库汇总核算安徽省 10 家代表性水泥生产企业 2020 年石灰石相关参数，最终得到安徽省 2020 年石灰石平均碳排放因子为 0.49 t CO_2eq/t，与此同时，国家发布的温室气体排放核算方法与报告指南中，对于全国平均石灰石排放因子缺省值定为 0.44 t CO_2eq/t，可见本平台数据库能够得到更为准确的排放因子数据。

除石灰石外，数据库对于煤炭等化石燃料、电力热力等间接排放源以及各行业典型产品，都采取了相同研究思路与技术路线进行数据收集与录入。这种情况下，数据库能够体现细分行业差异、细分企业差异、细分产品差异、细分过程差异、细分技术差异、细分时空差异，为下游应用端“可视化查询、可差异化比选”提供基础，用户在使用数据库进行碳足迹核算时，能够根据生产企业或上游供应商的实际情况筛选时间、地区及生产工艺，根据产品实际生产水平选择更符合实际的数据，保证使用背景数据计算出的碳足迹结果与实际数据更加接近，更加准确地核算产品碳足迹，保证数据精度，助力重点原材料工业及下游应用产业链协同减碳、精准施策。

（2）控制数据质量

碳足迹基础数据库的数据来源主要是各种生命周期清单和环境影响数据，这些数据的质量对于计算结果的准确性和可信度至关重要。原材料工业产品碳足迹基础数据库运用先进的数据处理技术，对所有收集到的数据进行清洗、验证和标准化，确保数据的质量和可靠性，并且建立了严格的数据质量管理体系，根据原始数据不确定度的来源，从 5 个方面评估其不确定度：①来源可靠性，指根据原始数据来源（如生产记录、监测报告、统计资料、文献等），从是否为二次数据、是否由职能部门定期统计等方面，划分质量等级；②样本完整性，指原始数据的统计代表性，如是否有充足的样本，数据的时间段是否合适等；③技术代表性，指原始数据的技术代表性（工艺、产品、原料等）与研究目标规定的技术代表性的差异；④年份代表性，指原始数据代表的年份与研究目标要求的基准年的间隔；⑤地理代表性，指原始数据所代表的区域与研究目标区域的生产条件和生产力水平（由自然地理和社会环境决定）的差异程度。为便于与国际通用数据库兼容，采取与其基本一致的数据质量等级划分方式及不确定度，如表 4.5 所示。

表 4.5　数据质量指标及不确定度对照

指标	数据说明				
	1 级	2 级	3 级	4 级	5 级
来源可靠性（U_1）	现场调查或测量得到的原始数据（0）	来自权威的、定期更新的数据（0.025）	来自一般文献或专著的不定期更新数据（0.050）	基于文献或经验的推论，估计或假设（0.100）	无根据的估算与假设（0.200）
样本完整性（U_2）	充足的样本，合适的期间（0）	代表数据来自稍小范围但期间合适（0.010）	代表数据来自合适的范围但期间稍短（0.025）	来自小范围和期间的代表数据或来自充足的范围和期间的数据（0.050）	未知和来自小范围与短时间的不充足数据（0.100）
技术代表性（U_3）	从被研究企业得到的数据（0）	技术、过程和原料相同，但企业不同（0.025）	技术相同，但过程和原料有差别（0.100）	技术不同，但产品相同（0.200）	数据缺失时，以类似产品的数据替代（0.350）

指标	数据说明				
	1 级	2 级	3 级	4 级	5 级
年份代表性（U_4）	与时间无关或 3 年以内（0）	6 年以内（0.015）	10 年以内（0.050）	15 年以内（0.100）	数据年代未知或 15 年以上（0.200）
地理代表性（U_5）	来自研究区域数据（0）	来自包含研究区域的较大区域范围的平均数据（0.005）	数据来自生产条件和生产力水平相似度高的区域（0.010）	数据来自生产条件和生产力水平相似度中等的区域（0.025）	数据来自未知区域或生产条件和生产力水平完全不同的区域（0.050）

当原始数据各不确定度因素相互独立时，合并其不确定度（U_i）到原始数据总体的代表性不确定度（U_0）的算法，如下式所示：

$$U_0 = \sqrt{\sum_{i}^{5} U_i^2}$$

由以上方法得到所有原始数据的代表性不确定度后，筛选出不确定度较低的数据录入数据库。通过以上方式在数据收集方法、数据处理方法和数据更新周期等因素的影响下保持稳定的数据质量，保证碳足迹基础数据库的计算结果和使用效果，解决了“数据质量不稳定”的问题，对数据进行全面管理和控制，确保数据以及计算结果的准确性和可靠性。

（3）保障数据动态更新

1）碳足迹数据迭代更新。为了不断扩充数据，实现良性循环，本书编写团队设计了碳足迹模型发布模块。在完成产品碳足迹模型建立与核算后，用户能够选择将模型发布至平台，如图 4.7 所示。

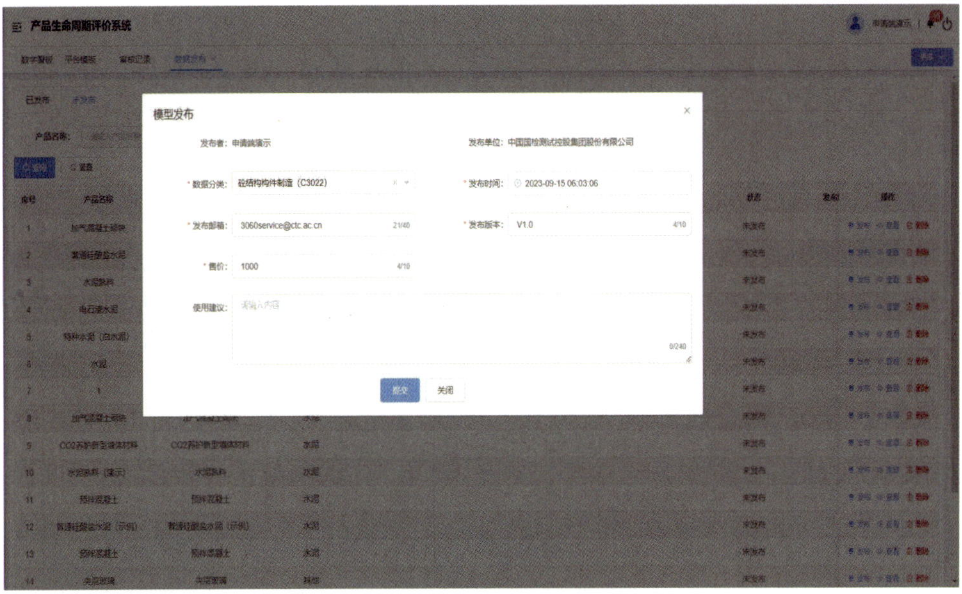

图 4.7　模型发布

用户选择模型发布后，发布请求将送至后台，通过站内通知等方式提醒后台管理员对发布申请进行审核。审核过程中，后台管理员能够浏览碳足迹模型，对生命周期模型的完整性、各阶段单元过程设置的合理性、实景数据与背景数据输入或选取的准确性等进行审核，通过审核的模型会自动纳入平台自有数据库中。

为了鼓励用户主动发布碳足迹模型与数据，平台采取相关激励机制，将用户发布的模型按照模型复杂程度、数据收集难度等相关因素进行定价，模型价格计算公式如下：

$$P_n = P_b \times \sum_{i=1}^{j} \left(\omega_i \times s_i \right)$$

式中，P_n—— 模型定价；

P_b—— 模型基准价格；

ω_i—— 第 i 个评价指标的权重；

s_i—— 第 i 个评价指标的分值。

当用户需要调用被发布的模型或数据时，就需要按照模型定价支付相应价格，该价格将会以一定比例分配到模型发布者的账户中。

未来，通过平台的持续运行，自有数据库将会积累越来越多基于实际生产情况的碳排放模型及数据，在保证核算准确性与平台易用性的前提下，逐步替代外部背景数据库，最终实现数据库数据的全自有。

2）库外数据接入。在绿色低碳技术与产品评价的过程中，技术验证或产品检验检测会产生相关数据，如工艺过程能耗与碳排放量、产品碳含量、化石燃料燃烧参数等。在完成技术或产品评价后，平台会自动汇总评价过程数据并通过内部数据接口导入数据库中，经计算处理后作为基础数据供产品碳足迹核算使用。

除此之外，数据库还预留从外部平台接入数据的接口，通过项目团队成员建设运营的其他碳相关平台，数据库能够持续接入实时监测采集的碳数据。

4.4　产品碳足迹建模与核算案例

本节以预拌混凝土为案例，通过原材料工业产品碳足迹基础数据库对某水泥厂生产的预拌混凝土进行生命周期建模，并对其碳足迹进行计算与分析。

4.4.1　碳足迹申请与业务受理

首先，注册用户通过浏览器访问原材料工业产品碳足迹基础数据库并开始碳足迹申请，填写企业、产品基本信息并上传相关材料，如图 4.8、图 4.9 所示。

图 4.8　填写基本信息

图 4.9　填写产品信息

本次申请碳足迹核算的产品为预拌混凝土，型号为 C20、C25、C30、C35、C40、C45、C50、C55，范围边界为“从摇篮到大门”（从资源开采到产品出厂），产品的数量为 1 m^3。除填写基本信息之外，用户还需上传 LCA 数据附件，包括：①申请核算产品的基础信息，包括名称、所属行业、数量、地域等；②申请核算产品的原材料信息，包括原材料的名称、用量、排放等；③申请核算产品的运输信息，包括目的地、距离等；④其他需要的资质文件等。

用户发送申请后，后台管理员或专家能够对该申请进行受理操作，如图 4.10 所示。

完成业务受理后，可以进入下一步，正式开始生命周期建模及碳足迹核算。

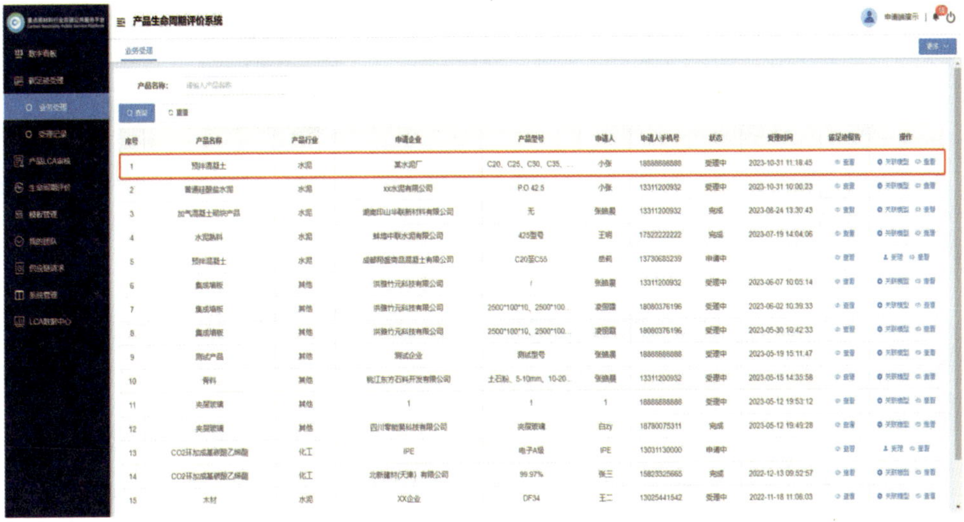

图 4.10　申请受理

4.4.2　目标与范围定义

生命周期建模的第一步为目标与范围定义，专家在后台选择创建模型，开始填写产品详细信息，以及碳足迹核算目标与核算范围等，如图 4.11 所示。

填写内容包括产品信息（含产品名称、类别、规格型号、形状形态、数量、产地、基准年与批次等）、委托方与生产方信息（包括名称、社会编码、地址等）、核算目标与范围（包括项目信息、目标应用与目标代表性类型、实景过程范围、功能单位与基准流、数据质量评估、取舍规则等）。填写完毕后保存并开始 LCA 碳足迹模型建立。

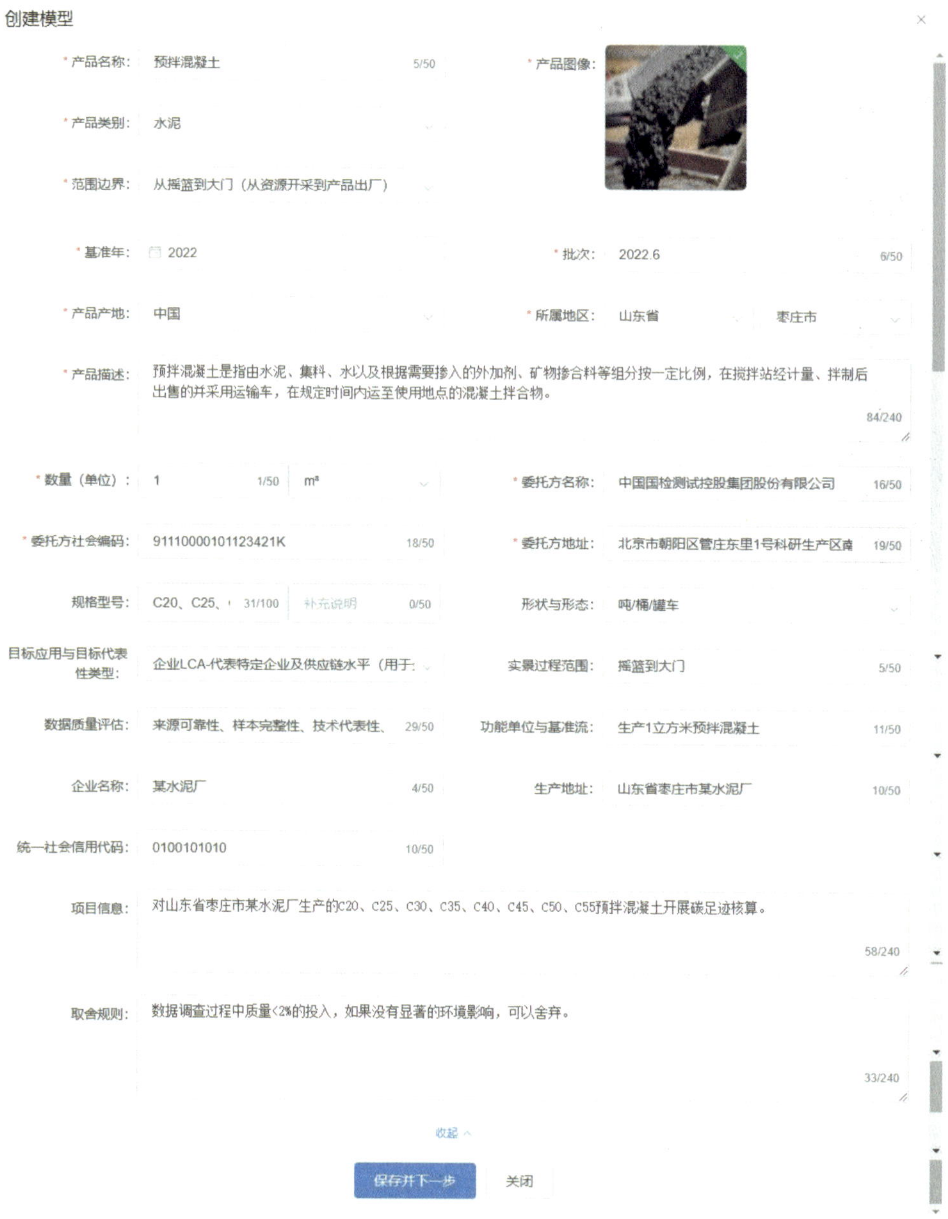

图 4.11　目标与范围定义

4.4.3　建立 LCA 碳足迹模型

摇篮到大门的边界包括 3 个生命周期阶段：原料获取阶段、生产阶段及出厂阶段。原料获取阶段主要包括原材料及燃料的开采、生产、运输等过程隐含的碳排放；生产阶段主要包括将原材料加工生产为产品的过程中造成的排放；出厂阶段主要包括产品包装、销售、运输阶段造成的排放。

根据企业提供的产品生产流程、物料消耗等相关资料，预拌混凝土原料包括水泥、粉煤灰、粗骨料、机制砂、膨胀剂、外加剂和水，生产过程中使用的能源为电力。在原料获取阶段与生产阶段分别添加上述原材料与能源并输入相关信息，如类型、名称、消耗量、规格型号、来源地、用途等，如图 4.12 所示。

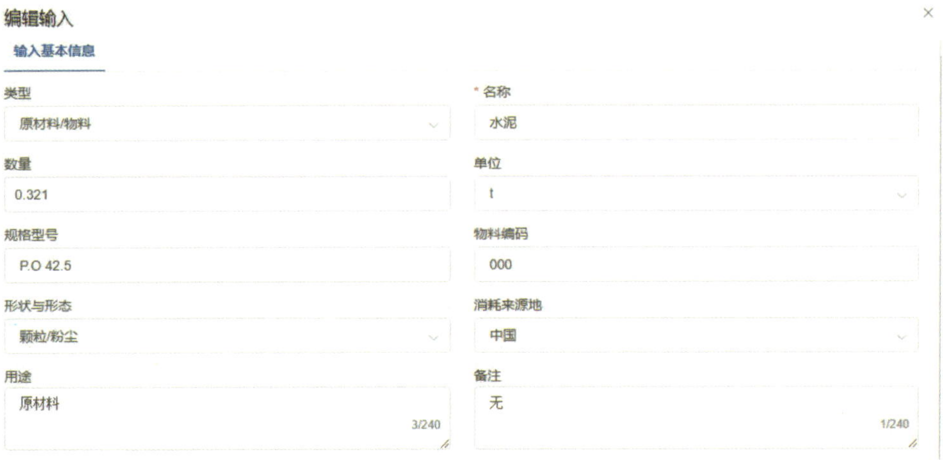

图 4.12　建模过程

预拌混凝土的 LCA 模型如图 4.13 所示。

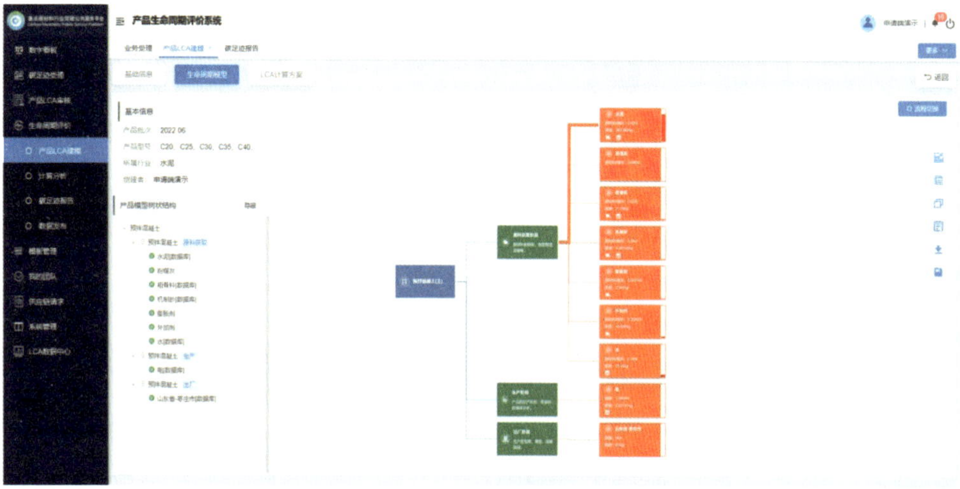

图 4.13　预拌混凝土 LCA 模型

4.4.4　数据收集

完成模型建立后，需要收集该产品整个生命周期全部阶段中的活动水平数据和排放因子。根据生产企业提供的数据可得到原材料与能源消耗量、运输方式及里程（表 4.6），作为活动水平数据录入模型中。

对于排放因子，将不同来源的数据通过数据质量指标及不确定度评价后，采信质量较高、不确定度较小的数据，保证碳足迹核算的精度。通过前期研究与收集，数据库内已具备符合数据质量条件的背景数据，采用的排放因子数据如表 4.7 所示。

表 4.6 原材料与能源消耗清单数据

名称	能源消耗量	单位	运输方式	运输里程/km
水泥	0.321	t	汽运	2
粉煤灰	0.086 2	t	汽运	25
粗骨料	0.925	t	汽运	1
机制砂	0.584	t	汽运	0.5
膨胀剂	0.002 19	t	汽运	300
外加剂	0.009 55	t	汽运	30
水	0.183	t	管道	—
电	1.69	kW·h	线路	—

表 4.7 预拌混凝土各过程采用的数据来源

名称	产地	基准年	GWP 值
水泥	中国	2019	822.0
粉煤灰	中国	—	忽略
粗骨料	中国	2021	7.760
机制砂	中国	2019	2.510
膨胀剂	中国	2021	1 343
外加剂	欧洲	2020	1 140
水	中国	2019	0.150 0
电	中国	2019	0.895 2

其中，粉煤灰作为来自上游的低价值物料，其隐含的碳排放忽略不计。

4.4.5 产品碳足迹计算

所有数据录入模型后，通过平台自动进行预拌混凝土碳足迹计算，结果如图 4.14 所示。

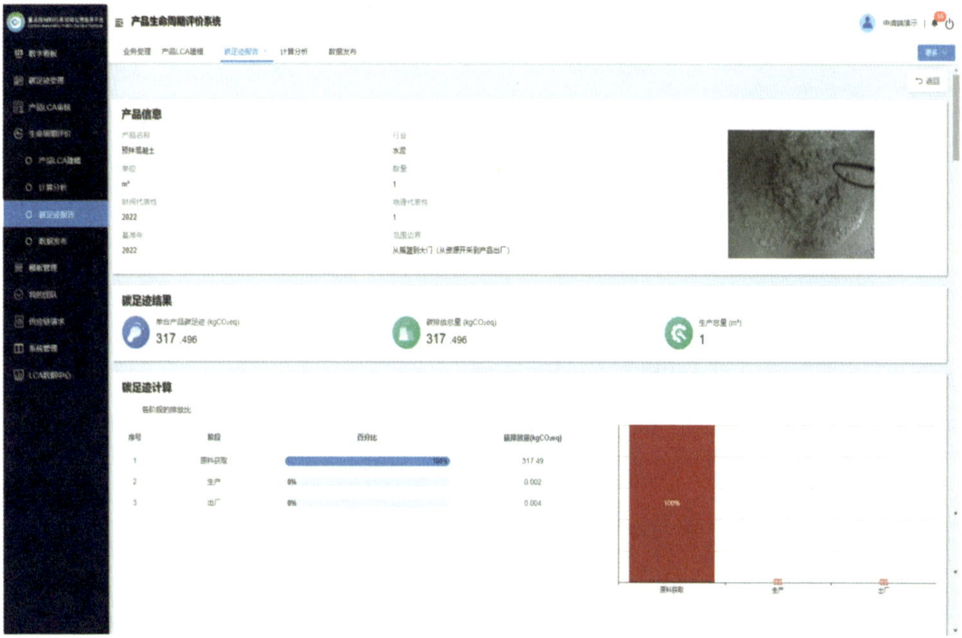

图 4.14 预拌混凝土碳足迹计算结果

从图 4.14 可以看到，某水泥厂 2022 年生产 1 m^3 预拌混凝土的碳足迹为 317.496 kg CO_2eq，各阶段排放分别为原料获取阶段 317.49 kg CO_2eq，生产阶段 0.002 kg CO_2eq，出厂阶段 0.004 kg CO_2eq。

4.4.6　结果分析与解释

通过碳足迹计算结果可以看出，预拌混凝土生产过程中绝大部分排放来自原料获取阶段，为了分析预拌混凝土生命周期重点碳排放源并发掘降碳潜力，平台对核算结果进行了进一步分析。

首先，平台对各个过程、各个排放源的排放比进行了直观展示，如图 4.15 所示。

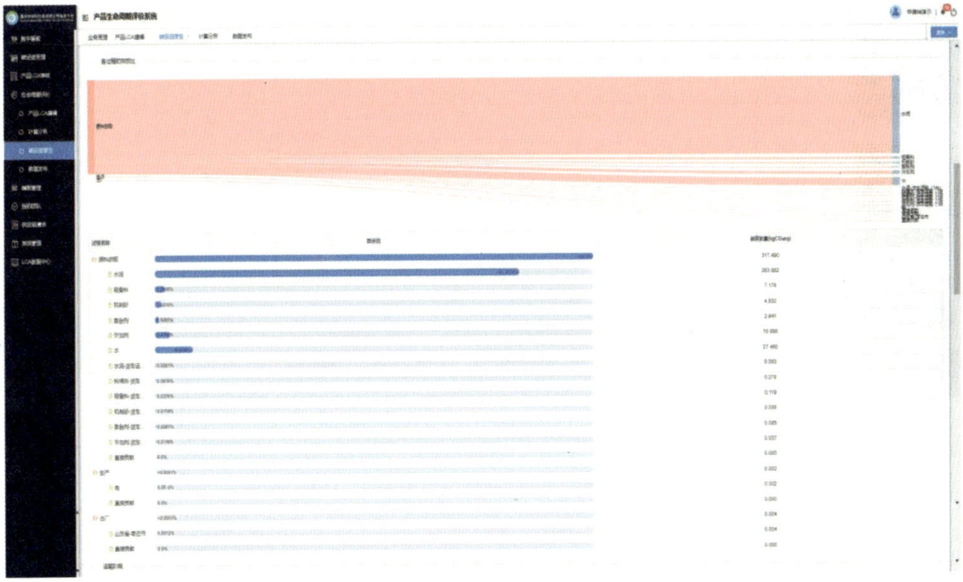

图 4.15　各过程排放比

从图 4.15 可以看出，在生产阶段中，水泥隐含的碳排放占预拌混凝土生命周期排放的 83.11%，是影响预拌混凝土碳足迹的主要因素。优选供应商，在保证质量的前提下选择更加低碳的水泥作为原材料，可能是预拌混凝土产品的关键降碳技术路线。

为了方便用户更有效分析碳足迹，发掘企业节能减排潜力，改进生产工艺，优化生产成本，提高企业产品品牌声誉，提升产品竞争力，平台设计了多种结果展示方式供用户选择。如图 4.16 所示，在碳足迹核算完成后，用户可以在结果页面在线浏览碳足迹核算结果、下载碳足迹报告或生成碳足迹二维码及证书。

图 4.16　碳足迹结果展示

第5章

结语

本书深入探讨了原材料工业产品碳足迹基础数据库研究。首先，对国内外碳足迹标准现状及应用情况进行了详细分析。在此基础上，提出我国产品碳足迹核算通用技术规则的制定思路，并明确了产品碳足迹核算的步骤和要求。在当前我国面临碳达峰、碳中和的严峻形势下，以及国际贸易壁垒的压力下，建立和完善碳足迹标准，基于我国重点工业领域生产实际，建设自主可控、高质量、权威的原材料工业产品碳足迹基础数据库显得尤为重要。

原材料工业碳足迹基础数据库的建设经历了从无到有的过程。建设过程中，本书编写成员参考欧盟数据库技术规范，以及 ISO 14048、PAS 2050 等国际公认的 LCA 数据库建设规范与数据文件格式设计并建立自有数据库，针对数据广度、数据精度、共享链接能力、运行水平等维度进行设计，多维度保障数据来源的稳定与高质量，保证基础数据的全面与可靠，保证使用背景数据计算出的碳足迹结果与实际数据更加接近，更加准确地核算产品碳足迹，保证数据精度，助力重点原材料工业及下游应用产业链协同减碳、精准施策。

附录

产品生命周期评价申请书模板

产品生命周期评价申请书

申 请 方：

（加盖公章）

申请日期：　　　年　　　月　　　日

重点原材料行业碳达峰、碳中和公共服务平台编制

2023 年 11 月

申请产品生命周期评价报告需递交的申请资料及说明

一、申请方应如实填写本申请书一式两份，要求字迹工整，清晰。有关表格若不够，可复印后填写。

二、申请方应递交的申请资料包括：

1）申请书；

2）生产企业的描述，及企业营业执照、商标注册证明复印件；

3）所申请产品的描述，及详细的生产工艺流程图；

4）近一自然年各年度统计期内产品产量、产品生产所消耗原材料、资源、能源清单及证明文件；

5）近一自然年各统计期内产品生产所消耗原材料、能源的供应商名录及证明文件；

6）有效的环境监测报告；

7）有效的产品质量检验报告；

8）其他必要的相关材料。

三、数据填报要求

申请方应填写近一自然年的年度统计数据。

四、保密协议

为保证报告的顺利完成，申请方提供的生命周期调研数据仅限于本报告的完成，本平台不以任何方式泄露其生产工艺细节、配方和其他商业机密。

企业声明

重点原材料碳达峰、碳中和公共服务平台：

我受法定代表人委托，已经通读并理解贵平台公开文件的所有条款，我单位承诺：

一、本企业提供的申请材料内容真实、有效。

二、本企业生产所使用的原辅材料及产品均符合国家规定的有关要求，保证质量安全。

申请单位代表（签字）：

（单位公章）

申请单位及产品相关情况调查表

公司/组织信息				
生产企业名称				
生产企业网址				
生产地点				
申请企业名称				
申请企业地址				
联系人		电话/传真		
E-mail		邮编		
是否通过相关认证/审核（具体名称）				
产品/服务的描述				
产品 1			规格型号	
产品上一自然年实际产量	202__年度		用水量/t	
产品依据标准				
生产工艺流程图				
工艺流程概述				
产品/服务的描述（如有多种产品请自行添加表格填写）				
产品 2			规格型号	
产品上一自然年实际产量	202__年度		用水量/t	
产品依据标准				
生产工艺流程图				
工艺流程概述				

原材料及辅料消耗相关情况调查表

（产品 1：____）						
序号	名称	数量	单位	运输方式	运输里程/km	供货商
1						
2						
3						
4						
5						
6						
7						
（产品 2：____）						
序号	名称	数量	单位	运输方式	运输里程/km	供货商
1						
2						
3						
4						
5						
6						
7						
（产品 3：____）						
序号	名称	数量	单位	运输方式	运输里程/km	供货商
1						
2						
3						
4						
5						
6						
7						
备注：1）表中信息请填写近一自然年的原材料及辅料消耗数据。 2）运输里程指从原材料生产地到企业的运输距离。						

能源消耗相关情况调查表

（产品 1：____）						
序号	名称	数量	单位	运输方式	运输里程/km	供货商
1						
2						
3						
4						
5						
（产品 2：____）						
序号	名称	数量	单位	运输方式	运输里程/km	供货商
1						
2						
3						
4						
5						
（产品 3：____）						
序号	名称	数量	单位	运输方式	运输里程/km	供货商
1						
2						
3						
4						
5						
备注：1）表中信息请填写近一自然年的能源消耗数据。 2）运输里程指从生产地到企业的运输距离。						

大气污染物排放相关情况调查表

（产品 1：_____）				
序号	名称	数量	单位	备注
1				
2				
3				
4				
5				
（产品 2：_____）				
序号	名称	数量	单位	备注
1				
2				
3				
4				
5				
（产品 3：_____）				
序号	名称	数量	单位	备注
1				
2				
3				
4				
5				
备注：1）表中信息请填写近一自然年的污染物排放数据。 2）按环境监测报告中涉及的物质填写。				

水污染物排放相关情况调查表

（产品 1：____）				
序号	名称	数量	单位	备注
1	废水			
2				
3				
4				
5				
（产品 2：____）				
序号	名称	数量	单位	备注
1				
2				
3				
4				
5				
（产品 3：____）				
序号	名称	数量	单位	备注
1				
2				
3				
4				
5				
备注：1）表中信息请填写近一自然年的污染物排放数据。 2）按环境监测报告中涉及的物质填写；第一栏为废水总量的填写，其余填写废水中各物质的相关数据。				

其他需要声明的事项

附加环境信息
附加环境信息是对 LCA 环境信息的补充，属于企业的自愿声明内容，比如：企业采取清洁生产技术、节能减排技术、产品废弃阶段的处理与循环利用方式、通过 ISO 14000 认证等。
产品特性信息
产品特性信息是企业根据自己产品的特点选择声明的信息。
对人体健康产生影响的材料或物质的规定
本部分填写与下列内容相关的信息： 1）原材料中有毒有害物质的含量； 2）生产过程中有毒有害物质的排放量； 3）产品中有毒有害物质的含量及使用过程中的释放量。 （国家强制性标准中所规定的对人体有毒有害的物质的含量）

其他需要声明的事项

公司/组织描述
公司名称、成立日期、主要经销产品等。
产品/服务描述
产品名称、产品遵循的标准、生产的产品型号、产品优势等。